普通高等学校"十三五"规划教材

C 语言程序设计与项目实训教程

（上册）

主　编　孟爱国

U0246287

北京大学出版社
PEKING UNIVERSITY PRESS

内 容 简 介

　　C语言在当今软件开发领域有着非常广泛的应用。本教材分上、下两册。上册全面介绍了C语言的基本概念,各种语法成分及应用,并通过大量实例程序讲述了C语言应用中的重点和难点,引导读者掌握一般程序设计的方法。下册通过案例介绍常用的数据组织技术、算法设计技术以及界面设计技术,来进一步巩固和深化C语言的应用;并通过数个案例介绍,引导读者全面掌握C语言在各方面进行应用开发的思路和方法。

　　本套教材选材新颖,内容丰富,讲述力求理论联系实际、深入浅出、循序渐进,注重培养读者的程序设计能力以及良好的程序设计风格和习惯。

　　本套教材可作为本科院校计算机程序设计的教学用书,也可作为从事计算机应用的科技人员的参考书及培训教材。

　　为了配合本套教材的学习,作者还编写了与本套教材配套的《C语言程序设计实验实训教程》,可供读者学习时参考使用。

本书配套云资源使用说明

本书配有微信平台上的云资源,请激活云资源后开始学习。

一、资源说明

本书云资源内容为例题程序源文件和习题答案。通过扫描二维码可下载,方便学生学习,提高效率。

二、使用方法

1. 打开微信的"扫一扫"功能,扫描关注公众号(公众号二维码见封底)。
2. 点击公众号页面内的"激活课程"。
3. 刮开激活码涂层,扫描激活云资源(激活码见封底)。
4. 激活成功后,扫描书中的二维码,即可直接访问对应的云资源。

注:1. 每本书的激活码都是唯一的,不能重复激活使用。
    2. 非正版图书无法使用本书配套云资源。

前　言

从 C 语言产生到现在，它已经成为最重要和最流行的编程语言之一。目前许多高校开设了"C 语言程序设计"课程，几乎每一个理工科或者其他相关专业的学生都要学习它。同时，C 语言也是"全国计算机二级等级考试"中参加考试人数非常多的一门语言。因此，用 C 语言编程也是用来衡量计算机程序设计水平的一个重要标准。

C 语言概念简洁，数据类型丰富，表达能力强，运算符多且用法灵活，控制流和数据结构新颖，程序结构性和可读性好，有利于培养读者良好的编程习惯，易于体现结构化程序设计思想。它既具有高级语言程序设计的特点，又具有汇编语言的功能；既能有效地进行算法描述，又能对硬件直接进行操作；既适合于编写应用程序，又适合于开发系统软件。它是当今世界上应用最广泛、最具影响的程序设计语言之一。C 语言本身还具有整体语言紧凑整齐，设计精巧，编辑方便，编译与目标代码运行效率高，操作简便，使用灵活等许多鲜明的特点。

但是，要学好 C 语言，仅仅通过课堂教学或自学获取理论知识是远远不够的，还必须加强实际动手能力的训练。在实验和实训中编写、调试和运行代表各种典型算法和典型应用的程序，从成功和失败的经验中得到锻炼，才能熟练掌握和运用 C 语言理论知识解决软件开发中的实际问题，达到学以致用的目的。为此，我们编写了《C 语言程序设计与项目实训教程》上、下两册教程。

上册全面介绍了 C 语言的概念、特性和结构化程序设计方法。全书共有 10 章，第 1 章介绍了 C 语言程序设计的基本知识。第 2 章介绍了 C 语言的基本数据类型、常量和变量以及表达式。第 3、4、5 章分别介绍了用 C 语言进行结构化程序设计的基本方法，包括顺序结构、选择结构、循环结构程序设计，并介绍了 C 语言程序设计中的常见错误及调试方法。第 6 章介绍了函数与编译预处理。第 7、8 章对 C 语言的数组、指针做了充分阐述。第 9 章对结构体、共用体做了较详细的介绍。第 10 章对 C 语言文件操作做了详细的阐述。

下册分两个部分：第一部分为"巩固与积累"；第二部分为"综合与创新"。

第一部分（包括第 1~3 章）是巩固与积累。针对 C 语言每个知识点及程序设计中常用的数据组织技术、算法设计技术以及界面设计技术，首先给出明确的要求，然后设计基础实训或应用案例。这样有利于明确知识点的具体应用，并在程序设计过程中，通过读者模仿、修改和调试程序案例，消除对程序设计的迷茫感，提高读者的学习兴趣，增强程序设计能力。

第二部分（包括第 4~6 章）是综合与创新。各章选取一个具有典型性和代表性的应用案例，便于读者通过一个综合应用项目的实践，掌握一类项目开发所需的相关知识和技术，最终实现举一反三的能力。各章中给出的解决方案，突出"系统观念和系统设计"的思想，帮助读者提高系统认知能力和系统设计能力。在一个项目中，介绍如何以一个整体的系统观念来组织、理解系统的重点与难点及其所使用的技术，如何有效地将它们融合在一起，解决应用中的复杂问题。这样有利于读者更深层次地掌握 C 语言程序设计与开发中的思路、方法和过程。

本套教材是作者根据多年从事 C 语言及计算机基础课程的教学实践,在多次编写讲义、教材的基础上编写而成的。全书内容充实,循序渐进,选材上注重系统性、先进性、典型性和实用性;通过大量例题和案例介绍,达到"任务驱动、设计主导、案例教学"的思想。全书例题、案例在 Windows 7 环境下,通过 Visual Studio 2010 调试通过。

为配合读者学习本套教材,作者另编写了一本《C 语言程序设计实验实训教程》,作为本套教材的配套参考书,供读者复习和检查学习效果时使用。

本套教材上册由孟爱国主编,下册由孟爱国、肖增良主编。上册中,孟爱国编写第 1 章;杨鼎强编写第 2 章;左利芳编写第 3、4、5 章;甘文编写第 6 章;吴海珍编写第 7 章;尹波编写第 8 章;甘正佳编写第 9、10 章。下册由肖增良编写;孟爱国负责全书统稿。

上、下两册教材既可以单独使用,也可以合起来使用。建议教学总学时 56～72 学时。在本套教材的写作过程中,得到了李峰教授的热情支持与指导,在此表示衷心感谢。

苏文华、沈辉构思并设计了全书数字化教学资源的结构与配置,余燕、付小军编辑了数字化教学资源内容,马双武、邓之豪组织并参与了教学资源的信息化实现,苏文春、陈平提供了版式和装帧设计方案。在此表示衷心感谢。

由于作者水平有限,加之时间仓促,书中错误和不当之处在所难免,敬请读者批评指正。

编　者
2018 年 4 月

目　录

第1章 C 语言概述

内容提要

（1）知识点：本章主要讨论什么是程序，程序设计语言的发展过程，算法和结构化程序设计的基本概念，C 语言程序的基本框架，C 语言程序的开发过程，使用 Visual C＋＋开发 C 语言程序步骤。

（2）难点：熟练掌握 C 语言程序的开发环境。

1.1 程序与语言

1.1.1 程序设计与程序设计语言

指令是能被计算机直接识别与执行的指示计算机进行某种操作的命令，CPU 每执行一条指令，就完成一个基本运算。指令的序列即为让计算机解决某一问题而写出的一系列指令，称为程序（program）。编写程序的过程称为程序设计（programming），用于描述计算机所执行的操作的语言称为程序设计语言（program language）。从第一台电子计算机问世以来的近 60 年中，硬件技术获得了飞速发展，与此相适应，作为软件开发工具的程序设计语言经历了机器语言、汇编语言、高级语言等多个阶段，程序设计方法也经历了早期手工作坊式的程序设计、结构化程序设计到面向对象程序设计等发展阶段。

1. 机器语言

采用计算机指令格式并以二进制编码表达各种操作的语言称为机器语言。计算机能够直接理解和执行机器语言程序。例如，计算 A＝5＋11 的机器语言程序如下。

```
10110000   00000101        /把 5 放入累加器 A 中
00101100   00001011        /11 与累加器 A 中的值相加,结果仍放入 A 中
11110100                   /结束,停机
```

机器语言的特点是：无二义性，编程质量高、执行速度快，占存储空间小，但难读、难记、编程难度大、调试修改麻烦，而且，不同型号的计算机具有不同的机器指令和系统。

2. 汇编语言

汇编语言是一种符号语言，它用助记符来表达指令功能。汇编语言比机器语言容易理解，而且书写和检查也方便得多。但汇编语言仍不能独立于计算机，没有通用性，而且必须翻译成机器语言程序，才能由机器执行。

例如：计算 A＝5＋11 的汇编语言程序如下。

```
MOV  A,5        /把 5 放入累加器 A 中
ADD  A,11       /11 与累加器 A 中的值相加,结果仍放入 A 中
HLT             /结束,停机
```

汇编语言程序较机器语言程序好读好写，并保持了机器语言编程质量高、执行速度快、占存储空间小的优点。但汇编语言的语句功能比较简单，程序的编写仍然比较复杂，而且程

序难以移植,因为汇编语言是面向机器的语言,为特定的计算机系统而设计。

3.高级语言

高级语言是面向问题的语言,独立于具体的机器(即它不依赖于机器的具体指令形式),比较接近于人类的语言习惯和数学表达形式。因为高级语言是与计算机结构无关的程序设计语言,它具有更强的表达能力,因此,可以方便地表示数据的运算和程序控制结构,能更有效地描述各种算法,使用户容易掌握。

例如:计算 A=5+11 的 BASIC 语言程序如下。

```
A=5+11        /5 与 11 相加的结果放入存储单元 A 中
PRINTA        /输出存储单元 A 中的值
END           /程序结束
```

高级语言方便、通用,程序便于推广。高级语言可分为:面向过程的语言,如 FORTRAN,BASIC,PASCAL,C 等。面向对象的语言,如 C++,Java,Visual Basic 等。

4.第四代语言 4GL

第四代语言(the 4th Generation Language,4GL)是非过程化语言,如数据库查询语言SQL 等。这类语言的一条语句一般被编译成 30~50 条机器代码指令,提高了编码效率,其特点是适用于管理信息系统编程,编写的程序更容易理解、更容易维护。

从高级语言到 4GL 的发展,反映了人们对程序设计的认识由浅入深的过程。高级语言的程序设计要详细描述问题的求解过程,告诉计算机每一步应该“怎样做”。而对于 4GL 的程序设计,是直接面向实现各类应用系统,只需说明“做什么”。

不同层次的程序设计语言构成了计算机不同的概念模型。有了汇编语言后,使得汇编程序员看到的计算机是一个能理解汇编语言的机器,相当于在硬件的基础上建立了一个虚拟的机器。高级语言相当于在计算机上又建立了一个新的层次,高级语言的用户看到的计算机是一个可理解高级语言的机器,这个虚拟的机器与具体机器的结构无关。

1.1.2　C 语言的发展历史

C 语言是一种计算机程序设计语言。它既有高级语言的特点,又具有汇编语言的特点。它可以作为系统设计语言,编写系统应用程序,也可以作为应用程序设计语言,编写不依赖计算机硬件的应用程序。因此,它的应用范围广泛。

对编写操作系统和系统使用程序以及需要对硬件进行操作的场合,用 C 语言明显优于其他解释型高级语言,一些大型应用软件也是用 C 语言编写的。

C 语言绘图能力强,具有可移植性,并具备很强的数据处理能力,因此适于编写系统软件,三维、二维图形和动画。它是数值计算的高级语言。

C 语言的原型是 ALGOL 60 语言(也称为 A 语言)。

1963 年,剑桥大学把 ALGOL 60 语言发展成为 CPL(Combined Programming Language)语言。

1967 年,剑桥大学的 Matin Richards 对 CPL 语言进行了简化,于是产生了 BCPL 语言。

1970 年,美国贝尔实验室的 Ken Thompson 将 BCPL 进行了修改,并为它起了一个有趣的名字“B 语言”。并且他用 B 语言写了第一个 UNIX 操作系统。

1973 年,美国贝尔实验室的 D. M. RITCHIE 在 B 语言的基础上最终设计出了一种新的语言,他取了 BCPL 的第二个字母作为这种语言的名字,这就是 C 语言。

为了使 UNIX 操作系统推广,1977 年 Dennis M. Ritchie 发表了不依赖于具体机器系统的 C 语言编译文本《可移植的 C 语言编译程序》,即著名的 ANSI C。

1978 年由美国电话电报公司(AT&T)贝尔实验室正式发表了 C 语言。同时由 B. W. Kernighan 和 D. M. Ritchit 合著了著名的 *THE C PROGRAMMING LANGUAGE* 一书。

1987 年,随着微型计算机的日益普及,C 语言出现了许多版本,由于没有统一的标准,使得这些 C 语言之间出现了一些不一致的地方。为了改变这种情况,美国国家标准协会为 C 语言制定了一套 ANSI 标准,成为现行的 C 语言标准的主要特点。C 语言发展迅速,而且成为最受欢迎的语言之一,主要因为它具有强大的功能。许多著名的系统软件,如 DBASE Ⅲ PLUS、DBASE Ⅳ 都是用 C 语言编写的。用 C 语言加上一些汇编语言子程序,就更能显示 C 语言的优势了,象 PC−DOS、WORDSTAR 等就是用这种方法编写的。

1.2　一个简单的 C 语言程序

下面先以一个简单的 C 语言程序作示例,简要介绍 C 语言程序的特点。

【例 1.1】求两个给定整数之和。

```
# include <stdio.h>                  /* 标准输入输出头文件 */
main()
{
    int i,j,sum;                     /* 这是声明部分,定义变量 i,j,sum */
    i=2;j=-3;                        /* 给出两个整数,给变量赋值 */
    sum=i+j;                         /* 做加法,并保留和 */
    printf("The sum of i+j is%d\n",sum);   /* 输出结果 */
}
```

通过这个程序,我们可以看到 C 语言还是比较简单的,结构并不复杂。编写 C 程序时必须遵循 C 语言的编程原则。一个简单的 C 应用程序的基本格式有以下几点:

(1)C 程序都由函数组成,函数则是具有特定功能的程序模块。对于每一个 C 程序来讲,都必须有一个 main()函数,且只能有一个 main()函数。该函数标志着执行 C 程序时的起始点。

(2)函数由函数头和函数体(包括变量定义和语句部分)组成:

main()

{变量说明;

　语句;

　}

(3)C 程序中的每条语句都要以分号“;”结束(包括以后程序中出现的类型说明等)。

(4)为了增加程序的可读性,程序中可以加入一些用“/＊……＊/”之间的内容构成的注释行。

(5)用预处理命令 ♯include 可以包含有关文件的信息。

(6)在 C 程序中,字母的大小写是有区分意义的,因此 main、Main、MAIN 都是不同的名称。作为程序的入口只能是 main 函数。

1.3　算法和程序

要使计算机能完成人们预定的工作,首先必须为如何完成预定的工作设计一个方案和一系列步骤,然后再根据这个方案和一系列步骤编写程序,该方案和一系列步骤被称为算法。因此,设计算法就成为设计程序的关键。

1.3.1　算法的概念

著名的计算机科学家 N・沃思(Niklaus Wirth)曾经提出:

数据结构 + 算法= 程序

(1)数据结构(data structure):即对数据的描述和组织形式;

(2)算法(algorithm):对操作或行为的描述,即操作步骤。

算法作为一个名词,在中学教科书中并没有出现过,在基础教育阶段还没有接触算法概念。但是我们却从小学就开始接触算法,熟悉许多问题的算法。如,做四则运算要先乘除后加减、从里往外去括弧、竖式笔算等都是算法,至于乘法口诀、珠算口诀更是算法的具体体现。我们知道解一元二次方程的算法,求解一元一次不等式、一元二次不等式的算法,解线性方程组的算法,求两个数的最大公因数的算法等。因此,算法其实是重要的数学对象。

算法一词源于算术(algorism),即算术方法,是指一个由已知推求未知的运算过程。后来,人们把它推广到一般,把进行某一工作的方法和步骤称为算法。

广义地说,算法就是做某一件事的步骤或程序。菜谱是做菜肴的算法,洗衣机的使用说明书是操作洗衣机的算法,歌谱是一首歌曲的算法,这是非数值运算算法。在数学中,主要研究计算机能实现的算法,即按照某种程序步骤一定可以得到结果的解决问题的程序。比如解方程的算法、函数求值的算法、作图的算法等,这是数值运算算法。计算机解题的算法大致包括这两大类算法:非数值运算算法和数值运算算法。

解决一个问题会有多种方法,如解一元二次方程的算法就很多,有因式分解法、分式法、迭代法等等,这些方法有优劣之分,有的方法只需进行很少的步骤,而有的方法则需要较多的步骤。那么设计一个算法后,怎样衡量它的正确性呢? 一般用以下特性来衡量:

①有穷性。算法的步骤必须是有限的,每个步骤都在有限的时间内做完,执行有限个步骤后终止。

②确定性。算法中每一步骤都必须有明确定义,不允许有模棱两可的解释,不允许有多义性。例如,"如果成绩大于等于 90 分,则输出 A;如果成绩小于等于 90 分,则输出 B",当成绩为 90 分时,既会输出 A,又会输出 B,这就产生了不确定性。

③有效性。算法的每一步操作都应该能有效执行。如一个数被 0 除就是无效不可执行的,应避免。

④没有输入或有多个输入。例如:求 $1+2+3+\cdots+100$ 时,不需要输入任何信息就能求出结果;而要求 $1+2+3+\cdots+n$ 时,必须从键盘输入 n 的值,才能求出结果。

⑤有一个或多个输出。算法的目的是为了求解，"解"就是算法的输出。没有输出的算法是没有意义的。

1.3.2 算法的表示方法

为了把算法表示出来，常用方法有：自然语言、传统流程图、N-S流程图、伪代码等。

1. 用自然语言表示算法

自然语言就是人们日常使用的语言，可以是汉语、英语或其他语言。用自然语言表示算法，通俗易懂，但文字冗长，在表达上不够严格，容易引起理解上的歧义，不易转化为程序，描述复杂的算法不是很方便。因此，除了很简单的问题外，一般不用自然语言描述算法。

用自然语言表示求 $1+2+3+\cdots+6$ 的算法如下：

算法 1：

S1：计算 $1+2$ 得到 3；

S2：将第一步中的运算结果 3 与 3 相加得到 6；

S3：将第二步中的运算结果 6 与 4 相加得到 10；

S4：将第三步中的运算结果 10 与 5 相加得到 15；

S5：将第四步中的运算结果 15 与 6 相加得到 21。

算法 2：

S1：定义循环变量 $i=1$，用于保存和的变量 s，并置初值为 0；

S2：判断 i 的值是否小于等于 6，若是则执行 S3，否则跳转到 S4 执行；

S3：将 i 的值累加到 s，然后变量 i 自身加 1，转到 S2 执行；

S4：输出 s 的值。

算法 1 是最原始的方法，最为烦琐，步骤较多，当加数较大时，比如 $1+2+3+\cdots+10000$，再用这种方法是行不通的；算法 2 是比较简单的算法，且易于在计算机上执行操作。

2. 用传统流程图表示算法

流程图是一个描述程序的控制流程和指令执行情况的有向图，用流程图表示算法，直观形象，易于理解。美国国家标准化协会规定了一些常用符号，如图 1-1 所示。

用传统流程图描述计算 $1+2+3+\cdots+6$ 的算法，如图1-2所示。

3. 用 N-S 结构化流程图表示算法

1973 年美国学者 I. Nassi 和 B. Schneiderman 提出了一种新型流程图——N-S 结构化流程图，这种流程图一方面取

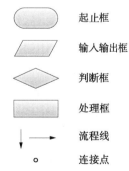

图 1-1 传统流程图中的常用符号

消了带箭头的流程线，这样算法被迫只能从上到下顺序执行，避免了算法流程的任意转向，适用于结构化程序设计；另一方面，这种流程图节省篇幅，因而很受欢迎。

用 N-S 流程图描述的计算 $1+2+3+\cdots+6$ 的算法如图 1-3 所示。

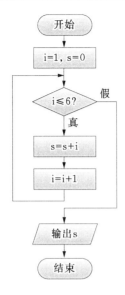

图 1-2   传统流程图

图 1-3   N-S 流程图

4．用伪代码表示算法

用传统的流程图和 N-S 流程图表示算法直观易懂，但画起来比较费事，在设计一个算法时，可能要反复修改，而修改流程图是比较麻烦的。因此，流程图适合表示一个算法，但在设计算法过程中使用不方便。为了设计算法时方便，常用一种称为伪代码(pseudocode)的工具。

伪代码使用介于自然语言和计算机语言之间的文字和符号来描述算法。它使用起来灵活，无固定格式和规范，无图形符号，写出来只要自己或别人能看懂就行，它和计算机语言比较接近，便于向计算机语言算法(即程序)过渡。

用伪代码描述 1+2+3+…+6 的算法如下：

```
begin                   /* 算法开始*/
    1=>i
    0=>s
    while i≤6
    {
        s+i=>s
        i+1=>i
    }
    print s
end                     /* 算法结束*/
```

上面介绍了常用的表示算法的几种方法，在程序设计中读者可根据需要和习惯任意选用。

1.3.3   结构化程序设计

结构化程序设计的概念最早由 Dijkstra 提出。1965 年他在一次会议上指出，高级语言中可以取消 GOTO 语句，程序的质量与程序中所包含的 GOTO 语句的数量成反比。他强调从程序结构上来研究与改变传统的设计方法。

1．结构化程序设计的原则

什么是结构化程序设计呢？目前还没有一个为所有人普遍接受的定义，一种比较流行的定义是:结构化程序设计是一种设计程序的技术,它采用自顶向下逐步求精的方法和单入口单出口的控制结构。

具体来说,在总体设计阶段,采用自顶向下逐步求精的方法,可以把一个复杂问题的解法细化成一个由许多模块组成的层次结构的软件系统。在详细设计或编码阶段采用自顶向下逐步求精的方法,可以把一个模块的功能逐步分解细化为一系列具体的处理步骤,每个处理步骤可以使用单入口的控制结构即顺序、选择和循环来描述。

结构化程序设计的主要原则是:自顶向下,逐步求精,模块化,限制使用 GOTO 语句。

2.结构化程序设计的基本结构与特点

1966 年,Bohm 和 Jacopini 证明了只用三种基本的控制结构就能实现任何单入口单出口的程序。这三种基本的控制结构是"顺序""选择"和"循环"。

(1)顺序结构。

按照程序语句行的自然顺序,一条语句一条语句地往后执行程序。其流程图如图 1-4 所示。

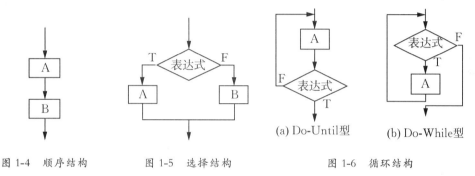

图 1-4　顺序结构　　　图 1-5　选择结构　　　(a) Do-Until型　　(b) Do-While型

图 1-6　循环结构

(2)选择结构。

又称为分支结构,它根据设定的条件,判断应该选择哪一条分支来执行相应的语句序列。其流程图如图 1-5 所示。

(3)循环结构。

又称重复结构,它根据给定的条件,判断是否需要重复执行某一相同的或类似的程序段。其流程图如图 1-6 所示。

使用结构化程序设计的优点是:

①自顶向下逐步求精的方法符合人类解决复杂问题的普遍规律,可以显著提高软件开发的成功率和生产率。

②先全局后局部、先整体后细节、先抽象后具体的逐步求精过程开发出的程序有清晰的层次结构,使程序容易阅读和理解。

③使用单入口单出口控制结构而不使用 GOTO 语句,使得程序的静态结构和它的动态执行情况比较一致。因此,程序容易阅读和理解,开发时也比较容易保证程序的正确性,即使出现错误也比较容易诊断和纠正。

④控制结构有确定逻辑模式,编写程序代码只限于使用很少的几种直截了当的方式,因此,源程序清晰流畅,易读易懂而且容易测试。

⑤程序清晰和模块化使得在修改和重新设计一个软件时可以重用的代码量最大。

⑥程序的逻辑结构清晰,有利于程序正确性证明。

在后面的内容中,会逐步介绍解决各种问题的算法和结构化程序设计思想。

1.4　使用 Visual C++ 2010 学习版开发 C 语言程序步骤

Visual C++是美国 Microsoft 公司最新推出的可视化 C++开发工具，是目前计算机开发者首选的 C++开发环境。它支持最新的 C++标准，它的可视化工具和开发向导使C++应用开发变得非常方便快捷。

Visual C++已经从 Visual C++ 1.0 发展到最新的 Visual C++ 2015 版本。不管使用何种版本，其基本操作大同小异。本节以 Visual C++ 2010 学习版为背景简单介绍开发 C 语言程序步骤。

一个 C 语言程序的开发步骤如下：

（1）使用编译器编写源代码。C 语言源代码文件的扩展名为.c。

（2）使用编译器对源代码进行编译。如果编译器没有发现任何错误，将生成一个目标文件。如果发现错误，编译器将报告。在这种情况下，我们必须返回到第（1）步，在源代码中进行修改。

（3）使用链接程序对目标文件进行链接。如果没有发生错误，链接程序将生成一个可执行程序。如果发现错误，依然返回第（1）步，在源代码中进行修改。

（4）执行程序。检查程序是否能够运行，如果不能，则返回到第（1）步，对源代码进行修改。

除最简单的程序外，对于其他的所有程序，我们都需要反复经过上述步骤才能完成程序的开发工作。这些发现错误并修改的步骤我们可以简单地理解为调试。即使是最有经验的程序员，也无法一次编写完整的、没有任何错误的程序。由于需要经历数次编辑－编译－连接－调试这样的周期，因此，熟悉编译环境就显得非常重要。

1. 启动 VC++ 2010 学习版

鼠标单击"开始|所有程序|Microsoft Visual C++ 2010 Express"，进入 VC++ 2010 学习版编程环境，如图 1-7 所示。

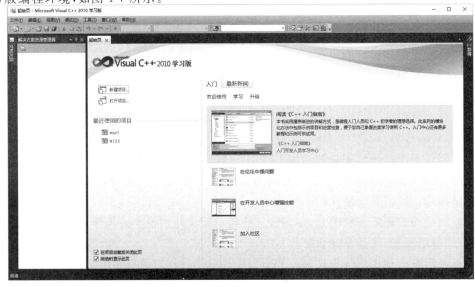

图 1-7　VC++ 2010 学习版编程环境

2. 新建项目

单击"文件|新建|项目",产生"新建项目"对话框,如图 1-8 所示,单击 Visual C++|Win32 控制台应用程序,输入项目名称 exp1,即解决方案名称,输入保存位置F:\c_exercise,单击【确定】,产生对话框如图 1-9 所示。

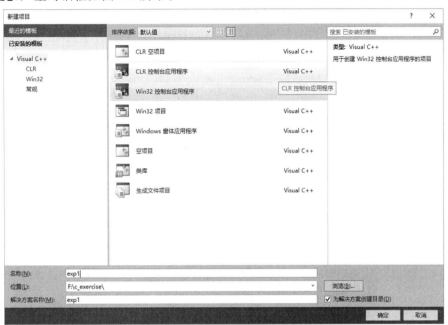

图 1-8　"新建项目"对话框

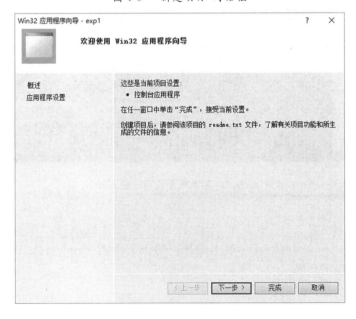

图 1-9　"win32 应用程序向导"对话框

单击【下一步】,如图 1-10 所示。单击【完成】后,如图 1-11 所示。

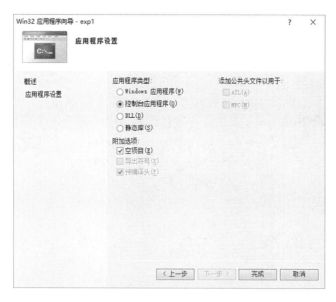

图 1-10 "win32 应用程序向导"对话框

图 1-11 解决方案建成后的界面

3.添加文件

在图 1-11 左侧"源文件"上右击,产生添加新项对话框,点击"添加 | 新建项",点击"Visual C++ | C++文件(.cpp)",在名称框中输入文件名 error1_1.c,点击"添加"。在源程序编辑区输入程序代码。

源程序(有错误的程序 error1_1.c)

```
#include <stdio.h>
int main()
{
    printf("You are welcome! \n);
    return 0;
}
```

4. 生成解决方案

单击"调试 | 生成解决方案",下方的信息窗口中显示出编译错误信息,如图 1-12 所示。

图 1-12　错误信息

5. 找出错误

在信息窗口中双击第一条错误信息,编辑窗口中出现一个箭头指向程序中出错的位置(如图 1-12 所示),一般错误在箭头的当前行或上一行,如图箭头指向第 4 行,错误为常量中有换行符,意思是此字符串在本行未结束,出错原因是")"前少了双引号。注意,程序中有波浪线位置可能是出错点。

在信息窗口中双击第二条错误信息:语法错误：缺少")"(在"return"的前面),是上一条错误引起的。

6. 改正错误

在第 4 行")"前加上双引号。

7. 重新生成解决方案

信息窗口显示出现"＝＝＝＝ 生成:成功 1 个,失败 0 个,最新 0 个,跳过 0 个 ＝＝＝＝＝",说明编译正确。如果显示错误信息,必须改正后重新编译;如果显示警告信息,说明程序中的错误并未影响目标文件的生成,但通常也应改正。

8. 运行

按快捷键[Ctrl＋F5]命令,自动弹出窗口如图 1-13 所示,显示运行结果"You are welcome!"。其中,"请按任意键继续…"提示用户按任意键退出运行窗口,返回到 VC＋＋ 2010 学习版编辑窗口。

图 1-13　　运行结果窗口

9.关闭解决方案

选择"文件|关闭解决方案",退出当前的项目编辑窗口,可开始下一项目。

10.打开项目/解决方案

如果要再次打开 C 程序文件,可以单击"文件|打开|项目/解决方案"命令,或在文件夹 F:\c_exercise\exp1 中直接双击文件 exp1.sln。

11.查看 C 源文件、目标文件和可执行文件的存放位置

经过编辑、编译、连接和运行后,在文件夹 F:\c_exercise\exp1\exp1 中存放有 error1_1.c 等文件,如图 1-14 所示;在文件夹 F:\c_exercise\exp1\exp1\Debug 中存放有 error1_1.obj,如图 1-15 所示;在文件夹 F:\c_exercise\exp1\Debug 中存放有 error1_1.exe 等文件,如图 1-16所示。

图 1-14　　文件夹 F:\c_exercise\exp1\exp1

图 1-15　　文件夹 F:\c_exercise\exp1\exp1\Debug

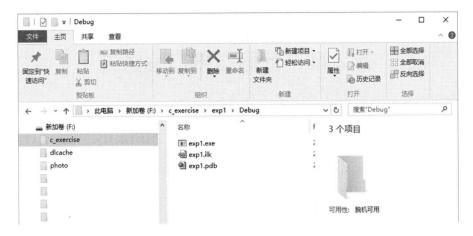

图 1-16　文件夹 F:\c_exercise\exp1\Debug

习　题　1

1. C 语言程序的基本结构是怎样的? 举例说明。
2. C 源程序输入后是如何进行保存的?
3. 在 Visual C++环境下输入并运行下列程序,记录运行结果。

（1）

```
#include <stdio.h>
main()
{    printf("******************");
     printf("    hello!      ");
     printf("******************");
}
```

（2）

```
#include <stdio.h>
main()
{    int  a,b,sum;
     a=10;
     b=20;
     sum=a+b;
     printf("a=%d,b=%d,sum=%d\n",a,b,sum);
}
```

第2章 数据类型与表达式

内容提要

(1)知识点:本章主要讨论 C 语言的基本数据类型及表达式,要求学生清楚数据类型与变量、常量的关系,掌握各种常量的性质和定义,掌握表达式中各种运算符的功能和特点,了解数据类型的相互转换规则。

(2)难点:数据类型,常量定义,运算符与表达式。

2.1 C 语言的基本要素

2.1.1 字符集

字符是构成程序设计语言的最小语法单位。C 语言字符集由字母、数字、空格、标点和特殊字符组成。在字符常量、字符串常量和注释中还可以使用汉字或其他可表示的图形符号:

- 数字:0~9。
- 大小写英文字母:a~z,A~Z。
- 格式符:空格、水平制表符(HT)、垂直制表符(VT)、换页符(FF)。
- 特殊字符:! # ＿ % ^& □ (_)－＋＝～[ ]' | / ; : " { } , . <> / ? 等。

2.1.2 标识符

标识符是用来标识对象名字(包括变量、函数、数组、类型等)的有效字符序列。构造一个标识符的名字,需要按照一定的规则。C 语言标识符的命名规则是:

(1)由字母或下划线(_)开头,同时由字母、0~9 的数字或下划线(_)组成。

(2)不能与关键字同名。

例如:school_id,_age,es10 为合法的标识符。

　　　　school－id,man * ,2year,class 为不合法的标识符。

几点说明:

(1)C 语言关键字不能用做普通的标识符。

(2)标识符不宜过短,过短的标识符会导致程序的可读性变差;但也不宜过长,否则将增加录入工作量和出错的可能性。

2.1.3 关键字

关键字是构成编程语言本身的符号,是一种特殊的标识符,又称保留字。

ANSI C 规定有 32 个关键字。

表 2-1　关键字表

ANSI C 关键词			
auto	break	case	char
const	continue	default	do
double	else	enum	extern
float	for	goto	if
int	long	register	return
short	signed	sizeof	static
struct	switch	typedef	union
unsigned	void	volatile	while

关键字在 C 语言中,有其特殊的含义,不能用作一般的标识符使用,即一般的标识符(变量名、类名、方法名等)不能与其同名。

2.2　数　　　据

2.2.1　常量

常量是指直接用于程序中的、不能被程序修改的、固定不变的量。C 语言中的常量值是用数值或字符串表示的。C 语言常量包括整数、浮点数、布尔、字符、字符串 5 种类型。

有时为了使用方便,可用一个符号名来代表一个常量,这称为符号常量。

符号常量一般定义格式如下:

#define 标识符 常量数据

例如:

```
#define  PI  3.14159
```

一旦某标识符定义成为一个常量后,以后在程序处理时,凡是碰到了该标识符,都将替换成对应的常量。

2.2.2　变量

变量是指 C 语言编程中合法的标识符,是用来存取某种类型值的存储单元,其中存储的值可以在程序执行的过程中被改变。

在 C 语言中用到的变量必须先定义后使用。对变量的定义就是给变量分配相应类型的存储空间。

定义变量的一般形式为:

<变量类型说明符> <变量列表>[= <初值>]

其中:

(1)变量类型说明符,确定了变量的取值范围以及对变量所能进行的操作规范,关于变量类型将陆续详细讲解。

(2)变量列表,由一个或多个变量名组成。当要定义多个变量时,各变量之间用逗号分隔。

(3)初值是可选项,变量可以在定义的同时赋初值,也可以先定义,在后续程序中赋初值。

变量名是程序引用变量的手段。C语言中的变量名除了符合标识符的条件之外,还必须满足下列约定:

(1) 变量名不能与关键字相同。

(2) C语言对变量名区分大小写。

(3) 变量名应具有一定的含义,以增加程序的可读性。

C语言变量包括整数、浮点数、布尔型、字符型4种类型。

2.3　C语言基本数据类型

2.3.1　数据分类的理由

程序设计中经常要遇到具有不同性质的各种对象,为了使程序能准确无误地求解所要解决的问题,必须用给定程序设计语言中的设施真正描述实际对象及其性质,不仅要在程序中适当地描述出实体,同时必须保证对这些对象所实施的操作是有效的。这就导致了类型概念的产生与完善。所谓类型,一般是通过两个集合来刻画的,一个是值集,它是该类型的对象所有可能取值的集合;另一个是所有可施加于值集中对象的运算的集合。

2.3.2　数据类型概述

数据是程序处理的对象,是程序的必要组成部分。所有高级语言都对数据进行分类处理,不同类型数据的操作方式和取值范围不同,所占存储空间的大小也不同。C语言提供了丰富的数据类型,包括:

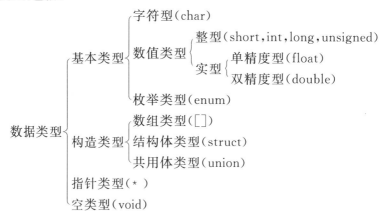

通常将数组类型、结构体类型、共用体类型、指针类型统称为复杂类型。本章中主要介绍基本数据类型。

2.3.3　整型数据

整数常量是不带小数的数值,用来表示正负数。例如 0x55、0x55ff、1000000 都是 C 语言的整数常量。

C语言的整数常量有三种形式:十进制、八进制、十六进制。

(1)十进制整数是由不以 0 开头的 0~9 的数字组成的数据。

　（2）八进制整数是由以 0 开头的 0～7 的数字组成的数据。

　（3）十六进制整数是由以 0x 或 0X 开头的 0～9 的数字及 A～F 的字母组成的数据。

　例如：0,63,83 是十进制数，00,077,0123 是八进制数，0x0,0X0,0X53,0x53,0X3f,0x3f 是十六进制数。

　整数常量的取值范围是有限的，它的大小取决于此类整型数的类型，与所使用的进制形式无关。

　整型变量类型有 short、int、long、unsigned 4 种说明符。

　（1）short 类型。

　short 类型说明一个带符号的 16 位整型变量。它限制了数据的存储应为先高字节，后低字节。

　（2）int 类型。

　Turbo C 中，int 类型说明一个带符号的 16 位整型变量。Visual C++中，int 类型说明一个带符号的 32 位整型变量。int 类型是一种最丰富最有效的类型。它常用于计数、数组访问和整数运算。

　（3）long 类型。

　long 类型说明一个带符号的 32 位整型变量。对于大型计算，常常会遇到很大的整数，并超出 int 所表示的范围，这时要使用 long 类型。

　为了充分利用变量的数值范围，需要时可以将变量定义为"无符号"类型，此时指定变量为［unsigned］int 类型，即无符号整型。这样存储单元中 16 位全部用来存放数值本身，而不包括符号，数值范围就成为 0～65535。

　整数类型的取值范围变化很大，它们之间的差异如表 2-2 所示。

表 2-2　整数类型的取值范围

类型	Turbo C 2.0		Visual C++ 6.0	
	宽度	取值范围	宽度	取值范围
［signed］int	16	−32768～32767	32	−2147483648～2147483647
［unsigned］int	16	0～65535	32	0～4294967295
［signed］short	16	−32768～32767	16	−32768～32767
［unsigned］short	16	0～65535	16	0～65535
long	32	−2147483648～2147483647	32	−2147483648～2147483647
［unsigned］long	32	0～4294967295	32	0～4294967295

2.3.4　实型数据

　实数类型的数据即实型数据，在 C 语言中实型数据又称为浮点数。浮点数是带有小数的十进制数，可用十进制数形式或指数形式表示。

　（1）十进制数形式：十进制整数＋小数点＋十进制小数。

　（2）指数形式：十进制整数＋小数点＋十进制小数＋E（或 e）＋正负号＋指数。

　例如：3.14159,0.567,9777.12 是十进制数形式，1.234e5,4.90867e−2 是指数形式。

　C 语言的浮点数常量在机器中有单精度和双精度之分。单精度以 32 位形式存放，双精度则以 64 位形式存放。

实型变量,用于需要精确到小数的函数运算中,有 float 和 double 两种类型说明符。

(1)float 类型。

float 类型是一个位数为 32 位的单精度浮点数。它具有运行速度较快,占用空间较少的特点。

(2)double 类型。

double 类型是一个位数为 64 位的双精度浮点数。双精度浮点数在某些具有优化和高速运算能力的现代处理机上运算比单精度数快。双精度类型 double 比单精度类型 float 具有更高的精度和更大表示范围,常常使用。浮点类型的取值范围变化很大,它们之间的差异如表 2-3 所示。

表 2-3 浮点类型的取值范围

类 型	位 长	取值范围
float	32	约 $\pm 3 \times 10^{\pm 38}$
double	64	约 $\pm 1.7 \times 10^{\pm 308}$

2.3.5 字符数据

字符型常量是指由单引号括起来的单个字符。

例如:'a','A','z','$','?'。

注意:'a' 和 'A' 是两个不同的字符常量。

除了以上形式的字符常量外,C 语言还允许使用一种以"\"开头的特殊形式的字符常量,这种字符常量称为转义字符。其用来表示一些不可显示的或有特殊意义的字符。常见的转义字符如表 2-4 所示。

表 2-4 转义字符表

功能	字符形式	功能	字符形式
回车	\r	单引号	\'
换行	\n	双引号	\"
水平制表	\t	八进制位模式	\ddd
退格	\b	十六进制模式	\xdddd
换页	\f	反斜线	\\

字符型变量的类型说明符为 char,它在机器中占 8 位,其范围为 0～255。注意:字符型变量只能存放一个字符,不能存放多个字符,例如:char a='am';这样定义赋值是错误的。

2.4 运 算 符 与 表 达 式

2.4.1 算术运算符与算术表达式

算术运算符用于算术运算,其操作数为数字类型或字符类型。表 2-5 列出了 C 语言的算术运算符。

表 2-5　算术运算符

运算符	名称	使用方式	说明
＋	加	a＋b	a 加 b
－	减	a－b	a 减 b
*	乘	a * b	a 乘 b
/	除	a/b	a 除 b
%	取模	a%b	a 取模 b(返回除数的余数)
＋＋	自增	＋＋a,a＋＋	自增
－－	自减	－－a, a－－	自减

算术表达式就是用算术运算符将变量、常量、方法调用等连接起来的式子,其运算结果为数值常量。例如下面是一个合法的 C 语言算术表达式:

`a*b/c-1.5+'a'+fabs(-5)`

`fabs(-5)`是求-5 的绝对值的库函数。

单目算术运算符"＋＋""－－"的前缀与后缀方式,对操作数本身的值的影响是相同的,但其对表达式的值的影响是不同的。前缀方式是先将操作数加(或减)1,再将操作数的值作为算术表达式的值;后缀方式是先将操作数的值作为算术表达式的值,再将其加(或减)1。

例如:a 的值为 5,

＋＋a 为前缀方式,首先将 a 的值加 1,再得到表达式的值为 6;

a＋＋为后缀方式,首先得到表达式的值为 5,再将 a 的值加 1。

自增运算符和自减运算符运算对象只能是变量,不能是常量或表达式。形式 3＋＋或＋＋(i＋j)都是非法的表达式。

2.4.2　赋值运算符与赋值表达式

赋值运算符"＝"就是把右边操作数的值赋给左边操作数。赋值表达式就是用赋值运算符将变量、常量、表达式连接起来的式子。赋值运算符左边操作数必须是一个变量,右边操作数可以是常量、变量、表达式,赋值运算符就是把一个常量赋给一个变量。例如表达式 b＝a＋3 即使用了赋值运算符。

在赋值运算符两边的操作数的数据类型如果一致,就直接将右边的数据赋给左边变量;如果不一致,就需要进行数据类型自动或强制转换,将右边的数据类型转换成左边的数据类型后,再将右边的数据赋给左边变量。

在赋值运算符"＝"前面加上其他运算符,组成复合运算符,如算术运算符"＋＝"等,实际上这是对表达式的一种缩写。例如:表达式 a＋＝3 等同于 a＝a＋3。表 2-6 列出了 C 语言常用的复合运算符。

表 2-6　复合运算符

运算符	名称	使用方式	说明
＋＝	相加赋值	a＋＝b	加并赋值,a＝a＋b
－＝	相减赋值	a－＝b	减并赋值,a＝a－b
* ＝	相乘赋值	a * ＝b	乘并赋值,a＝a * b
/＝	相除赋值	a/＝b	除并赋值,a＝a/b
%＝	取模赋值	a%＝b	取模并赋值,a＝a%b

2.4.3　关系运算符与关系表达式

关系运算符用来对两个操作数进行比较。关系表达式就是用关系运算符将两个表达式连接起来的式子,其运算结果为布尔逻辑值。运算过程为:如果关系表达式成立结果为真(true),否则为假(false)。由于 C 语言没有逻辑型数据,就用 1 代表"真",0 代表"假"。表 2-7列出了 C 语言的关系运算符。

表 2-7　关系运算符

运算符	名称	使用方法	说明
==	等于	a==b	如果 a 等于 b 返回真,否则为假
!=	不等于	a!=b	如果 a 不等于 b 返回真,否则为假
>	大于	a>b	如果 a 大于 b 返回真,否则为假
<	小于	a<b	如果 a 小于 b 返回真,否则为假
<=	小于或等于	a<=b	如果 a 小于或等于 b 返回真,否则为假
>=	大于或等于	a>=b	如果 a 大于或等于 b 返回真,否则为假

关系运算符的优先级是:

(1)"<""<="">"和">="为同一级,"=="和"!="为同一级。前者优先级高于后者。

(2)关系运算符优先级低于算术运算符,高于赋值运算符和逗号运算符。

【例 2.1】关系表达式的运用。

```c
#include <stdio.h>
void main()
{
    char ch='w';
    int a=2,b=3, c=1, d, x=10;
    printf("%d", a>b==c);
    printf("%d", d=a>b);
    printf("%d", ch>'a'+1);
    printf("%d", d=a+b>c);
    printf("%d", b-1==a!=c);
    printf("%d\n", 3<=x<=5);
}
```

运行结果为:

```
001101
```

程序输出了 6 个表达式的值,其中有两个是赋值表达式,请读者根据运算符的优先级作出判断。

关系表达式 3<=x<=5 等价于关系表达式 (3<=x)<=5,当 x=10 时,3<=x 的值是 1,再计算 1<=5,得到 1。其实,无论 x 取何值,关系表达式 3<=x 的值不是 1 就是 0,都小于 5,即 3<=x<=5 的值恒为 1。由此看出关系表达式 3<=x<=5 无法正确表示代数式 3<=x<=5。

2.4.4　逻辑运算符与逻辑表达式

逻辑运算符用来对关系表达式进行运算。逻辑表达式就是用逻辑运算符将关系表达式连接起来的式子,其运算结果为布尔逻辑值。

表 2-8 列出了 C 语言的逻辑运算符。

表 2-8　逻辑运算符

运算符	名称
&&	逻辑与
||	逻辑或
!	逻辑非

表 2-8 中列出的运算符,除逻辑非是单目运算符外,其余都为双目运算符。其运算规则如表 2-9 所示。

表 2-9　与、或、非运算规则

表达式 A	表达式 B	A&&B	A||B	!A
假	假	假	假	真
假	真	假	真	真
真	假	假	真	假
真	真	真	真	假

当 A 和 B 是逻辑量时,表 2-9 说明了逻辑运算符的功能,即:

(1) !A:如果 A 为“真”,结果是 0(“假”);如果 A 为假,结果是 1(“真”)。

(2) A&&B:当 A 和 B 都为“真”时,结果是 1(“真”);否则,结果是 0(“假”)。

(3) A||B:当 A 和 B 都为“假”时,结果为 0(“假”);否则,结果是 1(“真”)。

在一个逻辑表达式中如果包含多个逻辑运算符,例如

```
!a && b||x<y&& c
```

按以下的优先次序:

(1) ! → && → ||;

(2) ! 高于算术运算符,&&,|| 低于关系运算符。

例如:

(1) a||b && c 等价于 a||(b && c)。

(2) !a && b 等价于 (!a) && b。

(3) x>=3 && x<=5 等价于 (x>=3) && (x<=5)。

(4) !x==2 等价于 (!x)==2。

(5) a||3* 8 && 2 等价于 a||((3*8) && 2)。

【例 2.2】逻辑表达式的运用。

```c
#include <stdio.h>
void main()
{
    int a=2, b=0, c=0;
    printf("%d", a &&b);
```

```
    printf("%d", a || b &&c);
    printf("%d", ! a &&b);
    printf("%d", a||3+10 && 2);
}
```

运行结果为

```
    0 1 0 1
```

求解 C 语言逻辑表达式时,按从左到右的顺序计算运算符两侧的操作数,一旦得到表达式的结果,就停止计算。

(1)求解逻辑表达式 exp1 && exp2 时,先计算 exp1,若其值为 0,则 exp1 && exp2 值一定为 0。此时,没有必要计算 exp2 的值。例 2.3 中,计算表达式! a && b 时,先算! a,由于 a 的值是 2,! a 就是 0,该逻辑表达式的值一定是 0,不必再计算 b。

(2)求解逻辑表达式 exp1 || exp2 时,先计算 exp1,若其值为非 0,则 exp1 || exp2 值一定为 1。此时,没有必要计算 exp2 的值。例 2.3 中,计算表达式 a || 3+10 && 2 时,先算 a,由于 a 的值是 2,该逻辑表达式的值一定是 1,不必再计算 3+10 && 2。

通常,关系运算符和逻辑运算符在一起使用,用于流程控制语句的判断条件。

2.4.5　条件运算符与条件表达式

条件运算符的符号只有一个"?",它是一个三目运算符,要求有三个操作表达式。

一般形式为:

〈表达式 1〉? 〈表达式 2〉:〈表达式 3〉

其中表达式 1 是一个关系表达式或逻辑表达式。

条件运算符的执行过程:先求解表达式 1 的值,若表达式 1 的值为真,则求解表达式 2 的值,且作为整个条件表达式的结果;若表达式 1 的值为假,则求解表达式 3 的值,且作为整个条件表达式的结果。下面的赋值表达式

```
    max= (a>b)? a:b
```

执行结果就是将条件表达式的值赋给 max,也就是将 a 和 b 二者中大者赋给 max。

条件运算符的优先级较低,只比赋值运算符高。它的结合方向是自右向左。例如:

(1) (a>b)? a:b+1 等价于 a >b? a:(b+1)。

(2) a>b? a:c>d? c:d 等价于 a>b? a:(c>d? c:d)。

善于利用条件表达式,可以使程序写得精练、专业。

2.4.6　逗号运算符与逗号表达式

C 语言提供了一种特殊运算符——逗号运算符。用它将两个式子连接起来,如 1+2,5+8 称为逗号表达式。

逗号表达式的一般形式为:

表达式 1,表达式 2

逗号表达式的求解过程是:先求解表达式 1,再求解表达式 2。整个逗号表达式的值是表达式 2 的值。

例如:x= (y=6,y*3)

首先将 6 赋给 y,然后执行 y*3 的运算,将整个结果赋给 x。

一个逗号表达式又可以与另一个逗号表达式组成一个新的逗号表达式,例如:

(a=3*5,a*4),a+5

先计算出 a 的值为 3*5,等于 15,再进行 a*4 的运算为 60,再进行 a+5 的运算得 20,即整个表达式的值为 20。

逗号表达式的一般形式可以扩展为:

表达式 1,表达式 2,表达式 3,…,表达式 n

它的值为表达式 n 的值。

2.4.7　运算符的优先级和结合法则

任何一个表达式中都可能存在多个运算符,因此运算符的优先级就显得十分重要。C 语言规定了运算符的优先级和结合法则。在表达式求值时,先按运算符的优先级顺序执行,例如先乘除后加减。在两个相同的优先级的运算符运算操作时,则采用左运算符优先规则,即从左到右执行。

关于“结合法则”的概念在其他一些高级语言中是没有的,是 C 语言的特点之一,应该了解清楚。附录 C 列出了所有运算符以及它们的优先级和结合法则。

2.5　数据类型转换

有时在进行某种运算时,会遇到不同类型的数据,这种运算称之为混合运算。在混合运算中,将会碰到类型转换的情况。

类型转换可分为自动类型转换、赋值类型转换、强制类型转换。

2.5.1　自动类型转换

整型、浮点型、字符型数据可以进行混合运算。运算中,不同类型的数据先转化为同一类,然后进行运算。为了保证精度,转换从低级到高级。

各类型从低级到高级的顺序为:char→int→long→float→double。

例如:

```
char ch='A';
int i=28;
float x=2.36;
double y=6.258e+6;
```

若表达式为

i+ch+x*y

则表达式的类型转换是这样进行的:

先将 ch 转换成 int 型,计算 i+ch,由于 ch='A',而 'A' 的 ASCII 码值为 65,故计算结果为 93,类型为 int 型。再将 x 转换成 double 型,计算 x*y,结果为 double 类型。最后将 i+ch 的值 93 转换成 double 型,表达式的值最后为 double 类型。

2.5.2　赋值类型转换

C 语言在赋值的时候,可能会遇到类型不一致的情况,在 VC 6.0 的编译器里,如果类型不一致,一般会给个警告,然后做隐式转换,将赋值号右边的类型转换为赋值号左边的类型,然后再赋值,这样就会有相应的数据精度的丢失与不一致:

(1)在任何涉及两种数据类型的操作中,它们之间等级较低的类型会被转换成等级较高的类型。

(2)在赋值语句中,赋值号右边的值在赋予赋值号左边的变量之前,首先要将右边的值的数据类型转换成左边变量的类型。也就是说,左边变量是什么数据类型,右边的值就要转换成什么数据类型的值。

(3)作为参数传递给函数时,char 和 short 会被转换成 int,float 会被转换成 double。使用函数原型可以避免这种自动升级。

2.5.3　强制类型转换

高级数据要转换成低级数据,需要使用强制类型转换。这种使用可能会导致溢出或精度的下降,最好不要使用。强制类型转换的格式为:

(type)变量;

其中:type 为要转换成的变量类型。例如:

(int)(a+b)　　　　　　　(强制将 a+b 的值转换成整型)

【例 2.3】数据类型转换的例子。

```
#include <stdio.h>
void main()
{
    float x;
    int i;
    x=3.5;
    i=(int)x;
    printf("x=%f",x);
    printf("i=%d",i);
}
```

运行结果为:

```
x=3.500000
i=3
```

习　题　2

1. 以下选项中不合法的标识符是(　　)。

    A &a　　　　　　　　　B FOR　　　　　C print　　　　　D _00

2. 以下选项中,合法的一组 C 语言数值常量是(　　　)。

    A 12.　　0Xa23　　4.5e0　　　　　B 028　　.5e-3　　　-0xf

    C 177　　4e1.5　　0abc　　　　　D 0x8A　　10,000　　3.e5

3. 若有定义语句:int x=10;则表达式 x -=x+x 的值为(　　)。

    A 0　　　　　　　　　　B -20　　　　　C -10　　　　　D 10

4.写出下面表达式运算后 a 的值,设原来 a＝12,n＝5,a 和 n 都定义为整型变量。

(1)a＋＝a;

(2)a－2;

(3)a＊＝2＋3;

(4)a％＝(n％3)

(5)a/＝a+a;

(6)a＋＝a－＝a＊＝a;

5.设有定义:int x ＝2 ;以下表达式中,值不为 6 的是(   )。

A 2 ＊ x,x＋＝2   B x＋＋,2 ＊ x

C x ＊＝(1＋x)   D x ＊＝x＋1

6.有以下程序:

```
#include <stdio.h>
main()
{    ints, t, A=10;
     double B= 6;
     d=sizeof(A);
     t=sizeof(B);
     printf( "%d, %d \n", s, t);
}
```

程序运行后的输出结果是(   )。

A 10, 6   B 4, 4

C 10, 4   D 4, 6

第3章 顺序结构程序设计

内容提要

(1)知识点:C语句的分类,字符输入/输出函数,格式输入/输出函数。

(2)难点:表达式与表达式语句的区别,scanf语句的正确用法,输入/输出时的格式控制。

3.1 C语句的分类

一个C语言程序是由一条条语句组成的,语句是用户向计算机发出的操作指令,一条语句经编译后产生若干条机器指令,最终完成一定的操作任务。C语言中的语句以分号作为结束标志。C语言的语句可分为5大类:控制语句、函数调用语句、表达式语句、复合语句和空语句。

1. 控制语句

控制语句用来实现对程序流程的选择、循环、转向和返回等操作。C语言中共有9种控制语句,包括12个关键字,可以分为以下几类:

选择语句:if … else和switch(包括case和default)。

循环语句:for,while和do-while。

转向语句:continue,break和goto。

返回语句:return。

2. 函数调用语句

函数调用语句是由一个函数调用加一个分号构成的语句,它的一般形式是:

函数名(实参表);

例如:

```
printf("This is a C Program");    /* 用于输出双引号中的字符串 */
c=getchar();                      /* 用于从键盘读入一个字符 */
m=max(a,b,c);                     /* 用于求取 a,b,c 3 者之间的最大值并将结果赋给 m* */
```

3. 表达式语句

表达式语句是在表达式的末尾加上分号构成的语句,它的一般形式是:

表达式;

例如:c=a+b只是一个赋值表达式,而c=a+b;则是一个表达式语句,它是一个赋值语句。在C语言中,必须严格区分赋值语句和赋值表达式。

表达式能构成语句是C语言的一个重要特色。其实"函数调用语句"也属于表达式语句,因为函数调用(如cos(x))也属于表达式的一种,只是为了便于理解和使用,才把"函数调用语句"和"表达式语句"分开来说明。

4. 复合语句

复合语句是由一对"{}"把两个或两个以上的语句括起来所组成的语句。在语法上作为

一个整体对待,相当于一条语句。复合语句也称为"语句块",复合语句的形式为:

{语句 1;语句 2;…;语句 n;}

例如:

```
{z=x+y; z++; u=z/100; printf("%f",u);}
```

通常,将一组逻辑相关的语句组放在一起构成复合语句。例如,4.3 节和 4.4 节介绍的选择和循环语句在语法上只允许有一条语句,而要处理的操作往往需要多条语句才能完成,这时可采用复合语句来解决。

在复合语句中,不仅可以有执行语句,还可以有变量声明语句,不过它应该出现在执行语句之前。

【例 3.1】演示复合语句中声明的变量只能在复合语句中使用。

```
#include <stdio.h>
int main()
{
    int z=5;
    {
        int x=0, y=0, z;
        z=x+y;
        printf("In:z=%d\n", z);
    }
    printf("Out:z=%d\n", z);
    return 0;
}
```

程序的运行结果如下:

```
In:z=0
Out:z=5
```

在这个程序中,虽然复合语句里面的变量 z 和外面的变量 z 是同名的,但它们是不同的变量。在复合语句中声明的变量 z 只能在复合语句中引用,在复合语句外面声明的变量 z,则只能在外面引用,从打印结果可看出这一点。详细说明见 5.4 节。

5. 空语句

空语句是没有任何符号的语句,仅仅以分号";"作为标识。空语句的形式为:

;　　/* 空语句*/

空语句本身没有实际功能,只是表示什么操作都不做。设置空语句的目的,一是在未完成的程序设计模块中,暂时放一条空语句,留待以后对模块逐步实现时再增加语句;二是实现空循环等待;三是实现跳转目标点等。

例如:

```
int max(int a, int b)   /* 求两个整数的最大值*/
{
    ;   /* 此处的空语句表示在以后添加内容,保证当前的程序正常运行*/
}
```

例如:实现空循环。

```
while(getchar()!='\n'); /* 此语句表示只要从键盘输入的字符不是回车键则重新输入*/
```

例如:实现跳转到目标点。

```
        int i=0, sum=0;
ex: ;           /* 此处的空语句表示跳转的目标点 */
        sum+=i++;
        if(i<100) goto ex;
        …
```

注意:空语句出现的位置是有限制的。预处理命令、函数头和花括号"}"之后都不允许出现空语句。

C语言程序应该包括数据描述(由声明部分实现)和数据操作(由上面5类语句实现)。声明部分的内容包括定义数据结构和需要时对数据赋予初值,声明部分不应称为语句。如:"int a;"不是C语句,它不产生机器操作,而只是对变量的定义。

3.2　数据的输入和输出

3.2.1　字符的输入和输出

顺序结构是C程序中最简单的程序结构。在顺序结构程序中,程序的执行是按照语句书写的顺序来完成的,赋值操作和输入/输出操作是顺序结构中最典型的结构。

C语言不提供直接的输入和输出语句,输入和输出通过调用C语言的标准库函数来实现。C语言的标准函数库中提供许多用于标准输入和输出的库函数(附录D),使用这些标准输入和输出库函数时,要用预编译命令"#include"将有关的"头文件"包括到用户源文件中。在调用标准输入输出库函数时,文件开头应有以下预编译命令:

```
#include <stdio.h>
```
或
```
#include "stdio.h"
```
其中,h为head之意,std为standard之意,i为input之意,o为output之意。

C语言中所有的输入和输出都是通过底层对硬件的操作来实现的,但为了方便用户使用,系统对功能进行了封装,以函数的形式展示给用户,用户直接调用有关函数并传递具体参数即可。常用的输入输出函数有:字符输入和输出函数(getchar和putchar)、格式化输入和输出函数(scanf和printf)、字符串输入和输出函数(gets和puts),本节主要介绍前4个最基本的输入输出函数。

计算机的控制台是键盘和显示器,从控制台输入和输出字符的最简单的函数是getchar()和putchar()。

1. getchar 函数

格式:变量=getchar();

功能:从键盘读入一个字符,返回该字符的ASCII值,可以将该结果赋值给字符变量或整型变量,并自动将用户击键结果回显到屏幕上。

2. putchar 函数

格式:putchar(变量);

功能:把字符写到屏幕的当前光标位置。

【例3.2】演示如何使用getchar()和putchar()函数。

```
#include <stdio.h>
int  main()
```

```
{    char c;
                         /* 空行增加程序的可读性和结构的清晰性*/
     printf("Press a key and then press Enter:");
     c=getchar();        /* 从键盘读入一个字符,按回车键结束输入,该字符被存入变量 c*/

     printf("You pressed  ");
     putchar(c);         /* 在屏幕上显示变量 c 中的字符*/
     putchar('\n');      /* 输出一个回车换行符*/
     return 0;
}
```

程序运行结果如图 3-1 所示。

图 3-1　例 3.2 输出结果

　　程序首先执行"`printf("Press a key and then press Enter:");`",这时会在屏幕上显示出一行提示信息:

`Press a key and then press Enter:`

　　然后执行语句"`c=getchar();`",程序等待用户从键盘输入一个字符,如果用户从键盘输入一个字符 b,并按下回车键(以下用↙表示用户按下一次回车键),那么字符 b 回显在屏幕上,并继续往下执行语句"`printf("You pressed  ");`",这时将在屏幕上显示如下信息:

`You pressed`

　　接着执行语句"`putchar(c);`",在屏幕上输出信息"`You pressed`"的后面再显示一个字符 b,即

`You pressed  b`

　　最后执行语句"`putchar('\n');`",目的是将光标移到下一行的起始位置。假设程序中没有"`putchar('\n');`"这条语句,程序的运行结果会怎样?

　　连续两次运行该程序,观察一下屏幕上的显示结果,就知道"`putchar('\n');`"这条语句所起的作用了。

　　注意:

　　(1)getchar 函数无参数,它从标准输入设备(键盘)上读入一个字符,直到输入回车键才结束,回车前的所有输入字符都会逐个显示在屏幕上。函数值为从输入设备输入的第 1 个字符,空格、回车和 Tab 都能读入。

　　(2)putchar 函数的参数是待输出的字符(字符型常量或字符型变量),这个字符可以是可打印字符,也可以是转义字符。

　　例如:

```
putchar('\x42');              /* 输出字母 B*/
putchar(0x42);               /* 直接用 ASCII 码值输出字母 B*/
putchar('\"');               /* 输出字符"*/
char ch=0x42; putchar(ch);   /* 直接用 ASCII 码值输出字母 B*/
```

3.2.2　格式化输入/输出

1.格式化输出

前面的 getchar 和 putchar 函数形式简单,使用方便,但只能输入输出一个字符,且不能定制输入输出格式。格式化输入输出函数既能输入输出各种类型的数据,又能定制输入输出格式。常用的格式化输入输出函数有 scanf 和 printf 两个函数。

先来看下面的程序。

【例 3.3】在屏幕上输出两个整数。

```
# include <stdio.h>
int main()
{   int a,b;
    a=10;
    b=20;
    printf("output a and b:");          /* 输出双引号中的字符串,对输出结果进行说明 */
    printf("a=%d,b=%d\n",a,b);          /* 输出 a 和 b 的值 */
    return 0;
}
```

此例中用到了格式输出函数 printf(),它的作用是输出一行字符串,或者按指定格式和数据类型输出若干个变量的值。

此例中,程序运行时,首先给 a 和 b 赋值,然后执行语句"printf("output a and b:");",执行结果是向屏幕上输出如下一行字符串:

```
output a and b:
```

输出这行字符串的目的是给用户显示一个提示信息,以便用户知道程序要求用户做什么。输出这行提示信息后,程序开始执行语句"printf("a=%d,b=%d\n",a,b);",这时在屏幕上先显示字符串"a=",接着在其后显示整型变量 a 的值 10,再显示字符串",b=",然后显示整型变量 b 的值 20,最后换行。其中%d 是指按十进制整型格式输出对应变量的值。

根据以上分析可知,例 3.3 程序运行后的输出结果是:

```
output a and b:a=10,b=20
```

若要输出实型数据,只要将%后面的 d 改成 f 格式说明符即可。请看下面的例子。

【例 3.4】在屏幕上输出两个实数。运行下面的程序,观察并写出运行结果。

```
# include <stdio.h>
int main()
{   float a,b;
    a=11.2;
    b=23.45;
    printf("output a and b:");      /* 输出双引号中的字符串,对输出结果进行说明 */
    printf("a=%f,b=%f\n",a,b);      /* 输出 a 和 b 的值 */
    return 0;
}
```

仿照例 3.3 的分析,该程序的运行结果为:

```
output a and b:a=11.200000,b=23.450000
```

此例中按 f 格式说明符输出实型数据时,除非特别指定,否则输出 6 位小数。

除%d和%f这两种常用格式说明符以外,还有其他格式说明符,详见表 3-1。下面对 printf 函数的用法进行归纳总结。

(1) printf 函数的一般格式。

格式:**printf(格式控制字符串);**

      printf(格式控制字符串,输出表列);

功能:向计算机系统默认的输出设备输出若干个任意类型的数据。

其中,格式控制字符串是用双引号括起来的字符串,也称转换控制字符串,输出表列中可有多个输出项(如例 3.3 中第 2 条 printf 语句),也可没有输出项(当只输出一个字符串时,如例 3.3 中第 1 条 printf 语句)。一般情况下,格式控制字符串包括两种数据:一种是普通字符,这些字符在输出时照原样输出;另一种是格式转换说明符,用于控制要输出的内容以何种方式进行输出显示,格式转换说明符由"%"开始,并以一个格式字符结束,如例 3.3 中用于输出整型数的"%d"。

例如:

printf 函数中可以使用的格式转换说明符如表 3-1 所示。

表 3-1　printf 函数的格式转换说明符

字　符	含　义	示　例	输出结果
d(或 i)	十进制整数	int a=65; printf("%d",a);	65
u	十进制无符号整数	int a=65000; printf("%u",a);	65000
o	八进制无符号整数	int a=65; printf("%o",a);	101
x(或 X)	十六进制无符号整数	int a=65; printf("%x",a);	41
c	单一字符	int a=65; printf("%c",a);	A
s	字符串	printf("%s","Hello");	Hello
f	小数形式的浮点小数	printf("%f",314.56);	314.560000
e(或 E)	指数形式的浮点小数	printf("%e",314.56);	3.145600e+002
g(或 G)	e 和 f 中较短的一种	printf("%g",314.56);	314.56
%	百分号本身	printf("%%");	%

* 注:对 Visual C++ 而言,int 型数据用 4 个字节存储,而负数是用补码存储的,补码为原码取反加 1,−1 的补码为 11111111 11111111 11111111 11111111。对于同一 4 个字节的二进制码:

11111111 11111111 11111111 11111111

从有符号数的角度看,它表示的是 −1;从无符号数的角度看,它表示的是 $2^{32}-1$,即 4294967295。

说明:

①"输出表列"是需要输出的一些数据。可以是变量、常量和表达式,各个数据之间用逗号隔开。以下的 printf 函数都是合法的:

```
printf("I am a student.\n");
printf("%d", 3+2);
```

注意:输出数据的数据类型与格式转换说明符必须顺序匹配,否则会引起输出错误。

如:`printf("%d,%f", 3.89, 6);`   `/* 错误! */`

②一般情况下,格式转换说明符与输出项个数相同。

如果格式转换说明符的个数大于输出项的个数,则多余的格式将输出不定值。如果格式转换说明符的个数小于输出项的个数,则多余的输出项不输出。

【例 3.5】 有以下程序:

```
#include <stdio.h>
main()
{
    int a=666, b=888;
    printf("%d\n", a, b);
}
```

程序的输出结果是( )。

A 错误信息   B 666   C 888   D 666,888

答案:B。因为只有一个格式转换说明符"%d",而有两个输出项(a 和 b),只能输出第一项。

思考:如果将输出语句改为 `printf("%d,%d\n", a);` 输出结果会怎样?

【例 3.6】 演示%d,%o,%x,%X 的用法,分别用这 4 种格式输出一个整数变量的值。

```
#include <stdio.h>
int main()
{   int a=140;
    printf("%%d:%d\n",a);
    printf("%%o:%o\n",a);
    printf("%%x:%x\n",a);
    printf("%%X:%X\n",a);
    return 0;
}
```

程序输出结果如图 3-2 所示。

图 3-2   例 3.6 输出结果

在这个例子中,为了输出%,用了连续两个%来输出%号,因此%%后面的字符不再是格式说明符,而是作为普通字符原样输出到屏幕上的。

【例 3.7】 演示%g 的用法。

```
#include <stdio.h>
```

```
int main()
{
    double x=1.23e+10;
    double y=2.87;
    printf("%%f:%f\n",x);
    printf("%%e:%e\n",x);
    printf("%%g:%g\n",x);
    printf("%%f:%f\n",y);
    printf("%%e:%e\n",y);
    printf("%%g:%g\n",y);
    return 0;
}
```

程序输出结果如图 3-3 所示。

图 3-3　例 3.7 输出结果

在这个例子中,对于实数 1.23e+10,使用%e 时输出的宽度较小;而对于实数 2.87,使用%f 时输出的宽度较小。%g 自动选取 f 或 e 格式中输出宽度较小的一种使用,且不输出无意义的 0。

(2) printf 函数中的格式修饰符。

在 printf 函数的格式转换说明符中,%和格式字符之间的位置,还可插入几种修饰符号,用于对输出格式进行微调。例如,指定输出数据的最小域宽、精度(小数点后显示的小数位数)、左对齐等。

格式转换说明符的完整形式如下:

　　% + - 0 # m.n l 或 h 格式字符

printf 函数中可以使用的修饰符如表 3-2 所示。

表 3-2　printf 函数的修饰符

修饰字符	含　义
英文字母 l	修饰 d,u,o,x 时,用于输出 long 型数据
	修饰 f,e,g 时,用于输出 long double 型数据
英文字母 h	修饰 d,o,x 时,用于输出 short 型数据
最小域宽 m	指定输出项输出时所占列数,数据长度<m,左边补空格;否则按实际宽度输出
显示精度.n	对于实数,指定小数位数(四舍五入)
	对于字符串,指定从字符串左侧开始截取的子串字符个数
−	输出数据在域内左对齐(默认右对齐)
+	指定在有符号数的正数前加正号(+)
0	输出数值时,指定在左边不使用的空位置自动填 0
#	在八进制和十六进制数前显示前导符 0 和 0x

【例 3.8】printf 函数修饰符的使用。

```
#include <stdio.h>
int main()
{
    int a=123;
    float y=456.78;
    char ch='A';
    char s[]="Programing";              /* s 为字符数组 */
    printf("%7d,%-4d,%04d\n",a,a,a);
    printf("%f,%8f,%8.1f,%.2f,%.2e\n",y,y,y,y,y);
    printf("%3c\n",ch);
    printf("%s\n%12s\n%8.5s\n%2.5s\n%.3s\n",s,s,s,s,s);
    return 0;
}
```

程序输出结果如图 3-4 所示。

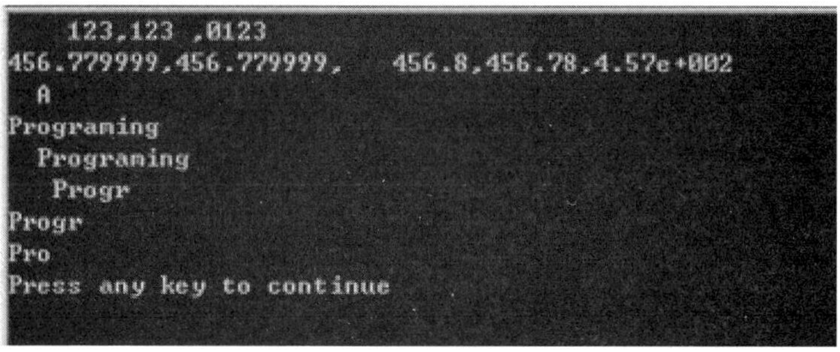

图 3-4　输出结果

说明:在 Visual C++ 中,调用 printf 函数时,float 类型的参数是先转化为 double 类型再传递的,所以 %f 可以输出 float 和 double 两种类型的数据,不必用 %lf 输出 double 类型的数据。

2.格式化输入

如果程序运行时需要用户从系统隐含指定的输入设备(即终端键盘)输入数据,getchar 函数只能输入一个字符,其他类型的数据必须用格式化输入函数 scanf 来完成。

先看下面的程序。

【例 3.9】从键盘输入一个整数和一个实数,求它们的和并在屏幕上输出。

```
#include <stdio.h>
int main()
{   int a;
    float b;
    printf("Please enter an integer and a real number,then press enter:");
    scanf("%d,%f",&a,&b);
    printf("a+b=%f\n",a+b);   /* 输出 a+b 的值 */
    return 0;
}
```

程序运行后的输出结果如图 3-5 所示。

在这个程序中,用到了一个格式输入函数 scanf() 和一个格式输出函数 printf()。函数

```
Please enter an integer and a real number,then press enter:5,2.3
a+b=7.300000
Press any key to continue_
```

图 3-5 例 3.9 输出结果

scanf()的作用是按指定的格式和数据类型,读入若干个数据给相应的变量,使程序能接收用户输入的数据;而函数 printf()的作用是输出一行字符串,或者按指定格式和数据类型输出若干变量的值。

假设从键盘输入"5,2.3"并按回车键,系统会将 5 转换成十进制整数(%d)5,将 2.3 转换成浮点小数(%f)2.3,并赋值给变量 a 和 b 所代表的存储空间。注意,scanf 语句中的变量 a 和变量 b 前的运算符 & 为取地址运算符,&a 表示取变量 a 的地址,&b 表示取变量 b 的地址,语句"scanf("%d , %f", &a,&b);"中,&a 指的是输入的第一个数(必须是整数)要存入的存储单元的地址,&b 指的是输入的第二个数(实数)要存入的存储单元的地址,正如寄信需要写上地址一样,函数 scanf()要求在参数中指定输入数据的存储地址。

(1) scanf 函数的一般格式。

格式:scanf(格式控制字符串,地址表列);

功能:从标准输入设备(键盘)输入若干个基本类型的数据。

例如:

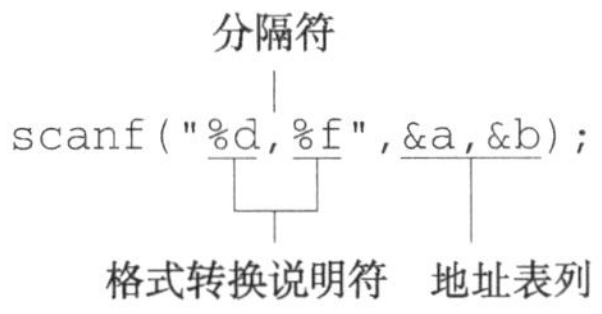

分隔符

scanf("%d,%f",&a,&b);

格式转换说明符 地址表列

假设从键盘输入"34,12.5",系统会将 34 转换成十进制整数(%d)34,将 12.5 转换成浮点小数(%f)12.5,并赋值给变量 a 和 b。

其中,格式控制字符串是用双引号括起来的字符串,它包括格式转换说明符和分隔符两部分,用来指定每个输入项的输入格式。格式转换说明符以"%"开始,后跟格式字符,如"%d"和"%f"。具体如表 3-3 所示。

表 3-3 scanf 函数的格式转换说明符

字 符	含 义
d 或 i	输入十进制整数
u	输入无符号十进制整数
o	输入八进制整数
x	输入十六进制整数
c	输入一个字符,空白字符(包括空格、回车、制表符)也作为有效字符输入
s	输入字符串,遇到第一个空白字符(包括空格、回车、制表符)时结束
f 或 e	输入实数,以小数或指数形式输入均可
%	输入一个%

地址表列是由若干变量的地址组成的列表,参数之间用逗号隔开。函数 scanf 要求必须指定用来接收数据的地址,虽然没有接收数据地址的程序编译时不会出错,但会导致数据不能正确地读入到指定的内存单元。对普通变量而言,可以在变量前使用"&"符号,用于取变量的地址,而对于指针变量而言,直接使用指针变量名称即可。

当函数 scanf()成功调用时,返回值为成功赋值的数据项数;出错时,则返回 EOF 值
(EOF 在 stdio.h 中通常被定义为一1)。

（2）scanf 函数的修饰符。

与 printf 函数相似,在 scanf 的"％"和格式字符之间的位置上也可插入格式修饰符,如
表 3-4 所示。

表 3-4　scanf 函数的修饰符

修饰字符	含　义
英文字母 l	修饰 d,i,u,o,x 时,用于输入 long 型数据
	修饰 f,e 时,用于输入 double 型数据
英文字母 h	修饰 d,i,o,x 时,用于输入 short 型数据
域宽 m	指定输入数据的宽度（列数）,系统自动按此宽度截取所需数据
忽略输入修饰符 *	抑制符,表示对应的输入项在读入后不赋给相应的变量

注:scanf 函数没有精度.n 修饰符,即用 scanf 函数输入实型数据时不能规定精度。

输入数据的分隔符的指定:

①一般以空格、Tab 或回车符作为分隔符（在格式控制符之间为空格、Tab 或无任何符
号时）;

②其他字符作为分隔符:格式控制字符串中两个格式控制符之间的字符为上述 3 种字
符以外的字符时,输入数据时要原样输入。

例如,输入语句"scanf("%d,%d",&a,&b);",要想在输入数据后使 a＝3,b＝4,则应输入
"3,4↙"。

如果输入语句为"scanf("%d　%d",&a,&b);"（两个％d 之间有两个空格）,输入时应在 3
和 4 间有两个以上空格。

如果输入语句为"scanf("a=%d,b=%d",&a,&b);",应输入"a＝3,b＝4↙"。

如果输入语句为"scanf("%d:%d:%d",&a,&b,&c);",应输入"3∶4∶5↙"。

在用％c 格式输入字符时,空格字符和转义字符都作为有效字符输入。

如果输入语句为"scanf("%c%c%c",&c1,&c2,&c3);",若输入"a－b－c",字符 a 赋给 c1,
字符－赋给 c2,字符 b 赋给 c3。

【例 3.10】格式输入输出的使用。

```c
#include <stdio.h>
int main()
{
    int a,b,k;
    float s,f;
    char c1,c2,m[10];
    scanf("%d,%d,%f,%s",&a,&b,&s,m);           /* m是数组名,表示地址*/
    scanf("%3d%*4d%f",&k,&f);
    scanf("%*c%3c%2c",&c1,&c2);
    printf("a=%d,b=%d,s=%f,m=%s\n",a,b,s,m);
    printf("k=%d,f=%f,c1=%c,c2=%c\n",k,f,c1,c2);
    return 0;
```

}

程序运行时的输入输出结果如图 3-6 所示。

```
10, 15, 3. 14, hello
12345678765. 45
abcde
a=10, b=15, s=3. 140000, m=hello
k=123, f=8765. 450195, c1=a, c2=d
请按任意键继续. . .
```

图 3-6　输入输出结果

在程序语句"scanf("%d,%d,%f,%s",&a,&b,&s,m);"执行时,输入:

10,15,3.14,hello↙

分别把 10 送给 a,15 送给 b,3.14 送给 s,hello 送给 m。如果输入这些数据时,数据之间不是用逗号,会出现什么样的结果呢?

在程序语句"scanf("%3d%*4d%f",&k,&f);"执行时,输入:

12345678765.45↙

%3d 中的 3 表示域宽,表示从输入数据中指定宽度 3 来截取所需数据,因此,将 123 送给了 k。%*4d 中的 * 为忽略输入修饰符,表示对应的输入项在读入后不赋给相应的变量,因此,读入的 4567 没送给任何变量;%f 读入余下的数据,即 8765.45,送 f。

在程序语句"scanf("%*c%3c%2c",&c1,&c2);"执行时,输入:

abcde↙

%*c 读入上一行输入的回车↙,不送给变量。%3c 读入字符 abc,送给 c1,但 c1 是字符型变量,只能接受一个字符,因此只接受了 a;%2c 读入字符 de,只将 d 送给了 c2。

使用 scanf 函数时应注意:

① 从键盘输入数据的个数一般应该与 scanf 函数的输入表中的项数相同,当两者不相同时作如下处理:

a 如果输入数据个数少于输入项个数,函数将等待输入,直到满足要求或遇到非法字符才停止。

b 如果输入数据个数多于输入项个数,多余的数据留在缓冲区作为下一次输入操作的输入数据。

② 在输入数据时,遇到以下情况时认为该数据结束。

a 遇到空格,或按回车键或按[Tab]键;

b 按指定的宽度结束,如"%3d",只取 3 列;

c 遇到非法输入,如输入数据的类型与格式字符要求的类型不相符。

3.3　顺序结构程序设计举例

顺序结构是结构化程序设计的 3 种基本结构中最简单的一种程序组织结构,其特点是完全按照语句出现的先后顺序依次执行。

在 C 语言中,赋值操作和输入输出操作等都属于顺序结构,它主要由表达式语句组成。

顺序结构的传统流程图如图 3-7(a)所示,N-S 流程图如图 3-7(b)所示,程序自上而下执行,先执行 A 块,再执行 B 块。

前面例子中的程序都是顺序结构的程序。顺序结构的程序主要由以下4部分组成：

(1)变量说明部分；

(2)数据输入部分；

(3)运算部分；

(4)运算结果输出部分。

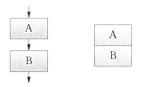

(a)传统流程图　(b)N-S流程图

图 3-7　顺序结构

利用变量赋值语句和输入输出函数调用语句就可实现上面的操作。下面结合具体的实例进行详细讲解。

【例 3.11】将任意输入的小写字母转换为对应的大写字母并输出。

```c
#include <stdio.h>
int main()
{
    char c;
    c=getchar();              /* 从键盘接收一个字符送到变量 C 中 */
    c=c-32;                   /* 求对应的大写字母的 ASCII 码,并存储在 C 中 */
    putchar(c);              /* 以字符形式输出 C */
    return 0;
}
```

程序按语句出现的先后顺序依次执行。

程序运行时,若输入：

　　　h↵

则输出：

　　　H

思考:如何判断输入的字符是否为小写字母？(将在 4.3 节中讲解)

【例 3.12】从键盘输入两个变量的值,交换这两个变量的值,并输出。

【分析】假如将输入的两个变量定义为 x 和 y,如果通过"x=y; y=x;"来实现交换,则当执行"x=y;"时,将 y 的值赋给 x,此时 x 和 y 的值相等,x 原来的值丢失,再执行"y=x;"时,将新的 x 值赋给 y,结果 x 和 y 的值相等,都为原来 y 的值。为了不使 x 原来的值丢失,必须在执行"x=y;"之前,先把 x 的值放到一个临时变量(temp)中保存起来,在执行了"x=y;"后,再把保存在临时变量中的值赋给 y(通过"y=temp;"来实现)。

程序代码：

```c
#include <stdio.h>
int main()
{
    int x,y,temp;
    scanf("%d,%d",&x,&y);                       /* 输入 x,y */
    printf("Before change:x=%d  y=%d\n",x,y);   /* 输出交换前的 x,y 值 */
    temp=x;                                      /* 以下 3 条语句实现 x,y 的交换 */
    x=y;
    y=temp;
    printf("after change:x=%d  y=%d\n",x,y);     /* 输出交换后的 x,y 值 */
    return 0;
```

```
}
```

程序运行后的输入输出结果如图 3-8 所示。

图 3-8　输入输出结果

思考：如果不用临时变量，能否使两个变量得到交换呢？

【例 3.13】假设银行定期存款的年利率 r 为 3%，并已知存款期为 n 年，存款本金为 c 元，试编程计算 n 年后的本利之和 d。

【分析】用数学方法解决这个问题很简单，只要利用下面的公式计算即可：

$$d = c * (1+r)^n$$

用计算机编程来计算，首先需要设计算法：

Step 1　输入 c 和 n 的值；

Step 2　利用公式计算本利之和 d；

Step 3　输出计算结果 d。

编写程序如下：

```c
#include <math.h>
#include <stdio.h>
int main()
{
    int n;                              /* 存款期变量声明*/
    double r=0.03;                      /* 存款年利率变量声明*/
    double c;                           /* 存款本金变量声明*/
    double d;                           /* 本利之和变量声明*/
    printf("please enter year,capital:");/* 显示用户输入提示信息*/
    scanf("%d,%lf",&n,&c);              /* 输入数据,数据间用逗号分隔*/
    d=c*pow(1+r,n);                     /* 计算存款本利之和,pow 为幂函数*/
    printf("d=%.2f\n",d);              /* 打印存款本利之和*/
    return 0;
}
```

程序运行的结果如下：

```
please enter year,capital:1,10000↵
d=10300.00
```

读者可能注意到，程序的第一行 #include〈math.h〉有什么作用呢？它是一种编译预处理命令，它指示编译系统在对源程序翻译之前对源代码进行某种预处理操作。引用 #include〈math.h〉的结果就是在编译时将文件 math.h 插入到当前被编译文件引用位置处一起编译，因为本程序中要使用 pow() 这个标准数学函数，所以必须将文件 math.h 嵌入到本文件中，才能使用系统提供的标准数学函数。

程序中的语句"printf("d=%.2f\n",d);"的 %.2f 是表示用 2 位小数的格式输出，因为存款本利之和只需要精确到 2 位小数。

【例 3.14】从键盘任意输入一个 3 位数,要求输出这个数的逆序数。如:输入 123,输出 321。

【分析】要输出逆序数,则要将原数的个位、十位和百位数分离出来,再用"个位 * 100 + 十位 * 10 + 百位"求出逆序数。个位数字可用原数对 10 求余得到,如 123%10＝3;最高位百位数字可用原数对 100 整除得到,如 123/100＝1;中间位的数字既可通过将其变换为最高位再整除的方法得到,如(123-1 * 100)/10＝2;也可通过将其变换为最低位再求余得到,如(123/10)%10＝2。程序源代码如下:

```c
# include <stdio.h>
int main()
{
    int x,y,b0,b1,b2;                  /* 变量声明 */
    printf("Please enter an integer x:");   /* 提示用户输入一个整数 */
    scanf("%d",&x);                    /* 输入一个整数 */
    b0=x%10;                           /* 求最低位 */
    b1=(x/10)%10;                      /* 求中间位 */
    b2=x/100;                          /* 求最高位 */
    y=b0*100+b1*10+b2;                 /* 求逆序数 */
    printf("y=%d\n",y);                /* 输出逆序数 */
    return 0;
}
```

程序的运行结果如下:

```
Please enter an integer x: 123↵
y=321
```

思考:是否还有其他方法分离个位、十位和百位数?

【例 3.15】编程计算方程 $ax^2+bx+c=0$ 的根,a,b 和 c 由键盘输入,假设 $b^2-4ac>0$。

【分析】根据一元二次方程的求根公式,

$$x_{1,2}=\frac{-b\pm\sqrt{b^2-4ac}}{2a}=-\frac{b}{2a}\pm\frac{\sqrt{b^2-4ac}}{2a},$$

令

$$p=-\frac{b}{2a},q=\frac{\sqrt{b^2-4ac}}{2a},$$

则有

$$x_1=p+q,x_2=p-q。$$

于是可以得到用自然语言描述的算法如下:

Step 1   输入 a,b,c;

Step 2   计算判别式 disc=b * b-4 * a * c;

Step 3   由于假设判别式大于 0,所以可以直接按公式求 x1 和 x2;

Step 4   输出 x1 和 x2;

将这一算法写成程序如下:

```c
# include <math.h>
# include <stdio.h>
int main()
```

```
{
    float a,b,c,disc,x1,x2,p,q;
    printf("Please enter a,b,c:");          /* 显示提示信息*/
    scanf("%f,%f,%f",&a,&b,&c);             /* 输入 a,b,c 的值,数据之间用逗号分隔*/
    disc=b*b-4*a*c;                          /* 计算判别式*/
    p=-b/(2*a);
    q=sqrt(disc)/(2*a);                     /*sqrt 为开平方函数*/
    x1=p+q;                                  /* 计算实根 x1*/
    x2=p-q;                                  /* 计算实根 x2*/
    printf("x1=%7.4f,x2=%7.4f\n",x1,x2);    /* 输出 x1 和 x2*/
    return 0;
}
```

程序运行的结果如下:

```
Please enter a,b,c:2,6,1↵
x1=-0.1771,x2=-2.8229
```

在本例中,读者可能注意到一个问题,如何保证输入的数据 a,b 和 c 满足 $b^2-4ac>0$ 这个约束条件呢? 无疑本例中未解决这个问题,用户在输入数据时必须小心计算,否则一旦输入了不满足约束条件的数据,使 $b^2-4ac<0$,就会对负数执行开方运算而造成程序的无效性。那么,如何避免这种情况的发生呢?

一个有效的措施是:在输入数据以后,对输入的数据作合法性检验,对不合法的数据作相应的处理,如要求重新输入或使程序终止等。对输入数据进行合法性检验,事实上就是判断一个条件成立与否,需要用到条件语句,我们将在 4.1 节中介绍。

3.4　常见错误及改正方法

本章中,常见的编程错误及改正方法总结如下。

(1)将输出函数 printf()误写为 print()或 Printf(),将引起链接错误。由于 C 语言编译器只是在目标程序中给库函数调用留出空间,并不能识别函数名中的拼写错误,更不知道库函数在什么地方,寻找库函数并将其插入到目标程序中是链接程序负责的工作,如果发生函数名拼写错误,在编译时是发现不了的,只有在链接时才能发现。

(2)将变量定义语句放在可执行语句中间,将会引起语法错误。

【例 3.16】变量定义语句的位置。

```
#include <stdio.h>
int main()
{
    printf("Please input two integer:");
    int a,b;    /* 变量定义语句放在可执行语句之后*/
    scanf("%d%d",&a,&b);
    printf("a+b=%d\n",a+b);
    return 0;
}
```

由于变量定义语句放在可执行语句之后,编译时找不到变量的定义,出现"error C2065:

'a'：未声明的标识符，error C2065：'b' ：未声明的标识符"。

正确的程序应为：

```
#include <stdio.h>
int main()
{
    int a,b;   /* 变量定义语句放在所有可执行语句之前*/
    printf("Please input two integer:");
    scanf("%d%d",&a,&b);
    printf("a+b=%d\n",a+b);
    return 0;
}
```

(3)没给函数 printf()或 scanf()中的格式控制符串加双引号。

如：scanf("%d%d,&a,&b);

(4)将格式控制字符串和表达式之间的逗号写到了格式控制字符串内。

如：printf("a+b=%d\n, "a+b);

(5)没给函数 scanf()中的输入项变量加取地址运算符 &。事实上是应该加的。

如：scanf("%d%d",a,b);

(6)给函数 printf()的输出项变量前加取地址运算符 &。事实上是不应该加的。

(7)函数 printf()欲输出一个表达式的值，但格式控制字符串中却没有与其对应的格式转换字符。如：printf("a+b=\n",a+b);

(8)函数 printf()欲输出一个表达式的值，写了格式转换字符，但是这个格式转换字符对应的表达式却忘记写在 printf()中。如：printf("a+b=%d\n");

(9)函数 scanf()或 printf()的格式的格式转换字符与要输入/输出的数值类型不一致。

如果例 3.16 中的函数 printf 写成"printf("a+b=%f\n",a+b);"，则程序运行时出现"runtime error"。

(10)用户从键盘输入的数据格式与函数 scanf()中格式控制字符串要求的格式不一致。如，相邻数据之间应该用逗号分隔，但用户没有输入逗号；或者不应该用逗号分隔但用户输入了逗号；或者用户输入数据的类型与要求不符。

(11)函数 scanf()格式控制字符串中含有 '\n' 等转义字符，导致数据输入不能以正常方式终止。如：scanf("%d%d\n",&a,&b);

(12)函数 scanf()输入实型数据时，不能在格式控制字符串中规定精度。

如：scanf("%7.2f",&x);

习　题　3

一、问答题

1.C 语言的语句有哪几类？

2.怎样区分表达式和表达式语句？C 语言为什么要设表达式语句？什么时候用表达式，什么时候用表达式语句？

二、选择题

1. 以下叙述错误的是(　　　)。

　　A C 语句必须以分号结束

　　B 复合语句在语法上被看作一条语句

　　C 空语句出现在任何位置都不会影响程序运行

　　D 赋值表达式末尾加分号就构成赋值语句

2. 若变量均已正确定义并赋值,以下合法的 C 语言赋值语句是(　　　)。

　　A x=y==5;　　　　　　　B x=n%2.5;　　　C x+n=i;　　　　　D x=5=4+1;

3. 以下 4 个选项中,不能看作是一条语句的是(　　　)。

　　A {;}　　　　　　　　　　　　　　　B a=0,b=0,c=0;

　　C if(a>0);　　　　　　　　　　　　D if(b==0)m=1;n=2;

4. 已知字符 'A' 的 ASCII 代码值是 65,字符变量 c1 的值是 'A',c2 的值是 'D'。执行语句 printf("%d,%d",c1,c2-2);后,输出结果是(　　　)。

　　A A,B　　　　　　　　B A,68　　　　　　C 65,66　　　　　　D 65,68

5. 设若变量均已正确定义,若要通过 scanf("%d%c%d%c",&a1,&c1,&a2,&c2);语句为变量 a1 和 a2 赋值 10 和 20,为变量 c1 和 c2 赋字符 X 和 Y。以下所示的输入形式正确的是(注:□代表空格字符)(　　　)。

　　A 10□X□20□Y↙　　　　　　　　　　B 10□X20□Y↙

　　C 10□X↙　　　　　　　　　　　　　D 10X↙

　　　20□Y↙　　　　　　　　　　　　　　20Y↙

6. 有以下程序,其中%u 表示按无符号整数输出。

```
main()
{    unsigned int x=0xFFFF;   /* x 的初值为十六进制数*/
     printf("%u\n",x);
}
```

　　程序运行后的输出结果是(　　　)。

　　A −1　　　　　　　　B 65535　　　　　　C 32767　　　　　　D 0xFFFF

7. 以下程序的输出结果是(　　　)。

```
#include <stdio.h>
main()
{
    int a=2, b=5;
    printf("a=%%d,b=%%d",a,b);
}
```

　　A a=%2,b=%5　　　　　　　　　　　B a=2,b=5

　　C a=%%d,b=%%d　　　　　　　　　　D a=%d,b=%d

8. 有以下程序:

```
#include <stdio.h>
main()
{
    char c1,c2,c3,c4,c5,c6;
```

```
        scanf("%c%c%c%c",&c1,&c2,&c3,&c4);
        c5=getchar();   c6=getchar();
        putchar(c1);   putchar(c2);
        printf("%c%c\n",c5,c6);
    }
```

程序运行后,若从键盘输入(从第 1 列开始)

123↙

45678↙

则输出结果是(   )。

A 1267   B 1256   C 1278   D 1245

三、写出下列程序的运行结果

1.

```
#include <stdio.h>
main()
{
    char c1='a',c2='b',c3='c';
    printf("a%cb%cc%cabc\n",c1,c2,c3);
}
```

2.

```
#include <stdio.h>
main()
{
    int x=5,y=6;
    printf("\n%5d%5d%5d",!x,x||y,x&&y);
}
```

3.

```
#include <stdio.h>
main()
{
    int x,y;
    scanf("%2d%*2s%2d",&x,&y);
    printf("%d",x+y);
}
```

程序运行时从键盘输入:1234567↙

4.

```
#include <stdio.h>
main()
{
    int x=3,y=4;
    float a=2.5,b=3.5;

    printf("%f",(float)(x+y)/2+(int)b%(int)a);
```

```
}
```

5.已知字符 A 的 ASCII 代码值是 65,以下程序运行时若从键盘输入:B33 ↙。则输出结果是(　　)。

```
#include <stdio.h>
main()
{
    char a,b;
    a=getchar(); scanf("%d",&b);
    a= a-'A'+'0'; b=b*2;
    printf("%c%c\n", a,b);
}
```

四、编程题

1.编写程序,接收用户从键盘输入的日期信息并将其显示出来。其中,输入日期的形式为月/日/年(即 mm/dd/yyyy),输出日期的形式为年月日(即 yyyymmdd)。格式如下所示:

Enter a date(mm/dd/yyyy):2/17/2010

You entered the date 20100217

2.从键盘输入圆的半径,编程求该圆的周长和面积。

第4章 选择结构程序设计

内容提要

(1)知识点:if 语句的 3 种基本形式,if 语句的嵌套以及 switch 语句的执行过程。

(2)难点:if 语句和 switch 语句的执行原理。

顺序结构的程序虽然能解决计算、输出等问题,但不能先做判断再选择。对于要先做判断再选择的问题就要使用选择结构(也称为分支结构)。选择结构的执行是依据一定的条件选择执行路径,而不是严格按照语句出现的物理顺序,下列问题属于选择结构。

(1) 在数学中,要计算 x 的绝对值,根据绝对值定义,当 x>＝0 时,其绝对值为 x;而 x<0 时其绝对值为－x。

(2) 如果一个整数能被 2 整除,这个数为偶数;否则,这个数为奇数。

(3) 计算一元二次方程 $ax^2+bx+c＝0$,有两个不相等的实根;如果 $b^2-4ac>0$,有两个相等的实根;如果 $b^2-4ac＝0$,有两个相等的实根;如果 $b^2-4ac<0$,有一对共轭复根。

对于类似这种需要分情况处理的问题,需要用选择结构解决。

选择结构的程序设计方法的关键在于构造合适的分支条件和分析程序流程,根据不同的程序流程选择适当的分支语句。选择结构分支条件通常用关系表达式或逻辑表达式来表示,实现程序流程的语句由 C 语言的 if 语句或 switch 语句来完成。设计这类程序时往往都要先绘制其程序流程图,然后根据程序流程写出源程序,这样做把程序设计分析与语言分开,使得问题简单化,易于理解。

用传统流程图表示的选择结构如图 4-1(a)所示,用 N-S 图表示的选择结构如图 4-1(b)所示。当条件 P 为真(成立)时执行 A 框,否则执行 B 框。无论 P 是否成立,只能执行 A 框或 B 框之一,不可能既执行 A 框又执行 B 框。无论走哪条路径,在执行 A 框或 B 框之后,都脱离本选择结构。如果 B 框为空,即什么也不做,则为单分支的选择结构;如果 B 框不为空,则为双分支的选择结构;如果 B 框中又包含另一个选择结构,则构成了一个多分支的选择结构。

单分支、双分支的选择结构在 C 语言中可用 if 语句来实现;多分支的选择结构可以用嵌套的 if 语句实现,也可用 switch 语句来实现。

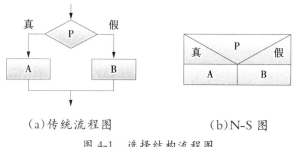

　　　　(a)传统流程图　　　　　　　　(b)N-S 图

图 4-1　选择结构流程图

4.1 if 语句

在 C 语言中,提供 3 种形式的 if 语句。

4.1.1 单分支 if 语句

if 语句形式:

if(表达式) 语句 S

其流程图如 4-2 所示。

执行过程:系统首先计算表达式的值,如果表达式结果不为 0,则执行语句 S;否则跳过语句 S,继续执行其后的其他语句。

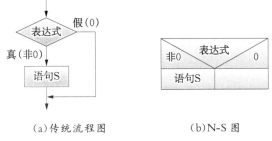

(a)传统流程图　　　　　　　(b)N-S 图

图 4-2 单分支结构的流程图

说明:

(1)"if"是 C 语言的关键字;"表达式"是任意合法的 C 语言表达式,可以是关系表达式或逻辑表达式,也可以是任意的数值类型(包括整型、实型、字符型等);表达式两侧的括号不能省略。

(2)语句 S 可以是一条语句,也可以是任意合法的复合语句,其位置比较灵活,可以直接出现在 if 同一行的后面,也可以出现在 if 的下一行。

【例 4.1】写出以下程序执行后的输出结果。

```c
#include <stdio.h>
int main()
{
    int a=4, b=3, c=5, t=0;
    if(a<b) t=a; a=b; b=t;
    if(a<c) t=a; a=c; c=t;
    printf("%d%d%d\n", a, b, c);
    return 0;
}
```

【分析】程序第一行在定义 a,b,c,t 4 个变量的同时进行了初始化。接下来第一个 if 语句的表达式 a<b 为假(0),if 其后的语句"t=a;"不执行,值得注意的是"a=b; b=t;"不属于 if 的语句,将被执行,执行后 a 值为 3,b 值为 0;然后第二个 if 语句的表达式 a<c 为真,则执行语句"t=a;",t 值变为 3,接着执行"a=c;",a 值变为 5,再接着执行"c=t;",c 值变为 3,因此,输出结果为:5　0　3。

思考:如果将程序修改为下面的程序,输出结果会怎样? 注意 if 后的复合语句的用法。

```
#include <stdio.h>
int main()
{    int a=4,b=3,c=5,t=0;
     if(a<b){t=a;a=b;b= t;}
     if(a<c){t=a;a=c;c= t;}
     printf("%d%d%d\n",a,b,c);
     return 0;
}
```

【例 4.2】计算并输出一个整数的绝对值。

【分析】计算一个整数的绝对值的关键就是判断该数是否小于 0。

```
#include <stdio.h>
int main()
{
     int x,y;
     scanf("%d",&x);            /* 输入一个整数*/
     y=x;                       /* x 大于等于 0 时,y=x */
     if(x<0)y=-x;               /* 若 x 小于 0 成立,y=-x */
     printf("y=%d\n",y);
     return 0;
}
```

思考:本题用单分支 if 还有其他实现方式吗?

下面是本例程序的运行结果。

第 1 次测试程序的运行结果如下:

```
Please enter an integer:2↵
y=2
```

第 2 次测试程序的运行结果如下:

```
Please enter an integer:-2↵
y=2
```

第 3 次测试程序的运行结果如下:

```
Please enter an integer:0↵
y=0
```

　　读者也许注意到了,本例对程序的运行结果共进行了 3 次测试。为什么要对程序进行这么多次测试呢? 大家知道,任何程序编写完成后都要上机调试运行,那么随便输入一组数据,运行结果正确了,就能说明程序没有错误了吗? 显然是不对的,初学者往往会忽视程序的测试工作,认为没有必要或认为这是一件简单的工作,其实这种想法是错误的。

　　按照软件工程学的观点,程序测试的目的是为了尽可能多地发现程序中的错误,而不是为了证明程序没有错误。程序的正确性证明是程序设计方法中的一项重要的内容.涉及较多的理论知识,不是一般的程序设计人员所能掌握的。因此,对一般的程序设计人员而言,程序测试也许更简单实用一些,但读者应该懂得“测试只能证明程序有错,而不能证明程序无错”的道理;即使是测试,也不是一件简单的事情,在一个软件开发项目中,不仅设计人员要对程序进行自我测试,常常还需要由设计人员以外的技术人员组成测试小组,进行专门的程序测试。

包含所有可能情况的测试称为穷尽测试。对于实际程序而言,穷尽测试通常是不可能的。因为要做到穷尽测试,至少需要对所有输入数据的可能取值的排列组合进行测试,但是由此得到的应测试的情况往往达到实际上根本无法测试的程度。因此,往往采用专门的测试方法进行测试。软件测试方法不是本书的主要内容,这里不能作详细介绍。这里提出这个问题只是为了引起读者对程序测试的重视,虽然不要求采用专业化的测试方法,但也不能草率地随便找一组数据运行了事,应了解一些常用的测试用例选取方法,为自己的程序精心选用一些测试用例,往往可以及早发现程序中的错误。

(1)如果程序设计人员对被测试程序的内部结构很熟悉,即被测程序的内部结构和流向是可见的,或者说是已知的,那么可以按照程序内部的逻辑来设计测试用例,检验程序中的每条通路是否都能按预定要求正确工作。这种测试方法称为白盒测试,或玻璃盒测试,也称结构测试。这种测试方法选取用例时的出发点是,尽量让测试数据覆盖程序中的每条语句、每个分支和每个判断条件。

(2)如果程序设计人员不了解程序的内部结构,只知道程序的功能,即程序的输入和输出是已知的,但程序的内部实现是未知的,其内部结构对测试者而言好比是一个黑盒子。这时,可以从程序拟实现的功能出发选取测试用例,这种测试方法称为黑盒测试,也称功能测试。黑盒测试的实质是对程序功能的覆盖性测试。

在实际应用中,往往需要上述两种方法结合在一起使用。本例中进行了 3 次测试,检验程序中每条路径是否按预定要求正确工作,体现的是白盒测试。

4.1.2　双分支 if 语句

if-else 形式:

if(表达式) 语句 S1

else 语句 S2

其流程图如图 4-3 所示。

执行过程:系统首先计算表达式的值,如果表达式结果不为 0,则执行语句 S1;否则,执行语句 S2。选择结构执行完成后继续执行其后的其他语句。

例如:求两个数中的较大值,可用下面的语句:

```
if(a>b)
    max=a;
else
    max=b;
```

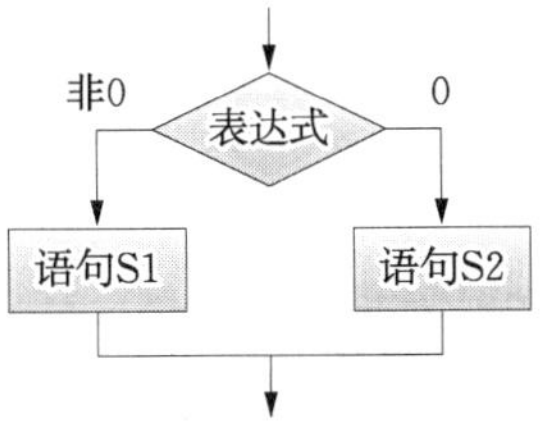

(a)传统流程图 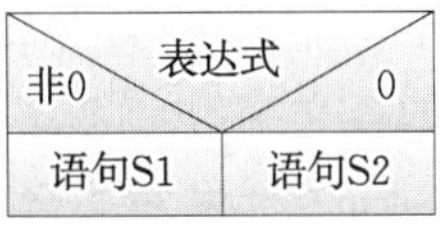　　　　　　　　(b)N-S 图

图 4-3　双分支结构的流程图

例 4.2 用双分支结构实现,程序代码如下:

```
# include <stdio.h>
int main()
{
    int x,y;
    scanf("%d",&x);            /* 输入一个整数*/
    if(x<0) y=-x;              /* 若 x>0成立,y=x,否则 y=-x*/
    else y=x;
    printf("y=%d\n",y);
    return 0;
}
```

此程序也可写为：

```
# include <stdio.h>
int main()
{
    int x,y;
    scanf("%d",&x);            /* 输入一个整数*/
    if(x>0) y=x;               /* 若 x>0成立,y=x;否则 y=-x*/
    else y=-x;
    printf("y=%d\n",y);
    return 0;
}
```

对于这种两个分支要执行的操作都可用一条语句表达的双分支结构,也可用条件运算符来实现,上面程序中的 if—else 语句可写为：

x>0? y=x:y=-x;

或者写成赋值语句形式：y=x>0?x:-x;

思考：是否还有其他写法？

事实上,很多问题都不只有一种解法,读者可开动脑筋,用多种方法来编写程序,这样才能达到"熟能生巧"的目的。

【例 4.3】从键盘读入一个字符,如果是英文字母,则以与原来不同的形式进行输出；如果是其他字符,则按原样输出。

【分析】该题的意图是实现英文字符的输入输出,所谓与原来不同的形式是指原来输入的是小写字母,则转换为对应的大写字母并输出；原来输入的是大写字母则转换为对应的小写字母并输出。程序实现的步骤是：

(1)从键盘输入一个英文字符；

(2)判断该英文字符的大小写,并转换成对应的字母；

(3)输出转换后的英文字符。

该题的关键问题是：怎样判断字符的大小写状态并实现转换。有两种方式实现：一种是根据 ASCII 码进行判断和转换,小写字母比对应的大写字母的 ASCII 码大 32。另一种方式是利用字符处理函数 isupper(ch)判断 ch 是否为大写字母,是则返回 1,否则返回 0；islower(ch)函数判断 ch 是否为小写字母,是则返回 1,否则返回 0；toupper(ch)函数将 ch 转换为大写；tolower(ch)函数将 ch 转换为小写。注意,使用这 4 个函数需要包含头文件 ctype.h。用第一种方式实现的程序如下：

```
# include <stdio.h>
int main()
{
    char ch;
    ch=getchar();                /* 从键盘输入一个英文字符*/
    if(ch>='a' && ch<='z')       /* 判断 ch 是否为小写字母*/
        ch=ch-32;                /*ch 为小写字母,将其转换为大写*/
    else
        ch=ch+32;                /*ch 为大写字母,将其转换为小写*/
    putchar(ch);                 /* 输出 ch*/
    return 0;
}
```

程序中判断 ch 是否为小写字母,也可写为 if(ch>=97 && ch= <122)。

程序的 3 次运行结果如下:

(1)a↵

　A

(2)B↵

　b

(3)#　↵

　　#

可以看出:在选用测试用例时,不仅需要选用合理的输入数据,还应选用不合理的输入数据,检查程序是否对错误输入具有容错性能,检查程序代码是否能防止可以发现的运行时刻的错误,如除数为零、数组下标越界等。程序的这种性质常称为健壮性。

思考:用字符处理函数怎样实现例 4.3 程序?

【例 4.4】根据键盘输入整数 x 的值计算 y 的值,计算要满足以下规则:如果 x=0,y=0;否则 y=1/x。

【分析】本题有两个分支,可以用 if-else 语句编程。程序中 x 已明确为整型,而 y 根据其计算式可知其为实型。

```
# include <stdio.h>
int main()
{
    int x;
    float y;

    printf("Please an Integer:");
    scanf("%d",&x);

    if(x==0)
        y=0;
    else
        y=1.0/x;
    printf("y=%8.3f\n",y);
```

```
        return 0;
    }
```

程序中"if(x==0) y=0;"的"x==0"表示 x 与 0 是否相等,必须用"＝＝",如果误用做赋值运算符"＝",则成为 x=0,是将 0 赋给 x,if 的条件为 0,"y=0;"这条语句永远不会执行,显然是错误的。因这个错误不属于语法错误,所以编译程序不会给出错误提示信息,但它会导致程序运行结果的错误。这种错误不仅初学者容易犯,高手也容易犯,且犯了这类错误又不容易找到,因此读者在使用时应特别小心。

例 4.4 程序中的选择结构的条件可写成下面的形式,以避免上述错误。

```
if(x!=0)
    y=1.0/x;
else
    y=0;
```

读者也许注意到程序中将数学式 y＝1/x 写成了 y＝1.0/x,这是因为 x 为整数,1/x 的值为整数,当 x>1 时 1/x 的值为 0,与题意不符。必须将"/"一侧的数实型化,才能得到实型结果。

思考:如果 x 是实型,能否用 x＝＝0 的条件? 本题中的 x 是从键盘输入的数,没有误差,所以用 x＝＝0 是可以的,但如果 x 是通过计算得到的,由于浮点计算有误差,用 x＝＝0 就不对了。详细解释见例 4.9。

4.1.3　多分支选择结构

if-else-if 形式:

if(表达式 1) 语句 S1
else if(表达式 2) 语句 S2
…
else if(表达式 n) 语句 Sn
else 语句 Sn+1

其流程图如图 4-4 所示。

执行过程:if-else-if 结构实际上是由多个 if-else 结构组合而成的,系统首先计算表达式 1,其值为真(不为 0)时,执行语句 S1;否则,计算表达式 2,其值为真(不为 0)时,执行语句 S2;……如果 if 后的所有表达式都不为真,则执行语句 Sn＋1,并结束整个分支结构。选择结构执行完成后继续执行其后的其他语句。

【例 4.5】从键盘输入 x 的值,并通过如下的数学关系式求出相应的 y 值:

$$y=\begin{cases} -e^x, & x<0, \\ 1, & x=0, \\ e^{-x}, & x>0. \end{cases}$$

【分析】该题的意图是根据输入的 x 值,判断 x 所属的区间,求出 y 值并输出。程序实现的步骤是:

(1)从键盘输入一个数;

(2)判断 x 所属的区间,求出 y 值;

(3)输出结果。

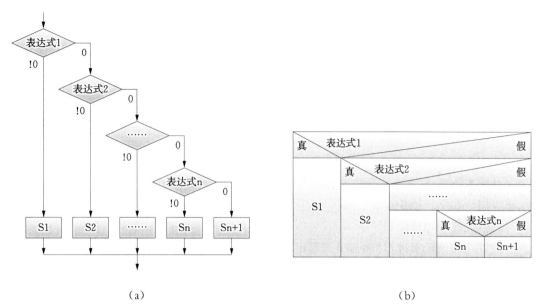

（a）　　　　　　　　　　　　　（b）

图 4-4　双分支结构的流程图

程序代码如下：

```c
#include <math.h>
#include <stdio.h>
int main()
{    double x,y;
     scanf ("%lf",&x);        /* x 为 double 型,输入时需用 lf 格式 */
     if (x<0) y=-exp(x);      /* exp 为求 eˣ的数学函数 */
     else if(x>0) y=exp(-x);
     else y=1;
     printf("y=%f\n",y);
     return 0;
}
```

程序测试 3 次的运行结果如下：

(1) -1↵

　-0.367879

(2) 1↵

　0.367879

(3) 0↵

　1.000000

思考：为什么不用条件 x==0？

【例 4.6】根据输入的成绩等级打印出评语,等级与评语的对应关系如表 4-1 所示。

表 4-1　等级与评语的对应关系

等级	评语
4	Excellent
3	Good
2	Average
1	Poor
0	Failing

【分析】该题通过输入成绩的等级(0～4 级),转换为对应的评语,是典型的多分支结构,可以用 if-else-if 结构实现。具体实现步骤为:

(1)输入成绩等级的数字;

(2)对输入的数字进行判断,得到对应的评语;

(3)输出结果。

程序代码如下:

```c
# include <stdio.h>
int main()
{
    int grade;
    printf("Please input grade:");
    scanf("%d",&grade);
    if(grade==4) printf("Excellent");
    else if(grade==3) printf("Good");
    else if(grade==2) printf("Average");
    else if(grade==1) printf("Poor");
    else if(grade==0) printf("Failing");
    else
        printf("Illegal grade");
    return 0;
}
```

程序测试 6 次的运行结果如下:

(1) 4↵

　　Excellent

(2) 3↵

　　Good

(3) 2↵

　　Average

(4) 1↵

　　Poor

(5) 0↵

　　Failing

(6) 6↵

```
Illegal grade
```
思考:若输入的成绩是百分制的分数,程序应该怎样改写?

4.1.4　if 语句的嵌套

if 语句的嵌套是指 if 或 else 子句中又包含一个或多个 if 语句。内层的 if 语句既可以嵌套在 if 子句中,也可以嵌套在 else 子句中。内嵌 if 语句的一般形式如下:

if(表达式 1)

　　if(表达式 2) 语句 1

　　else 语句 2

else

　　if(表达式 3) 语句 3

　　else 语句 4

这种基本形式嵌套的 if 语句也可以进行以下几种变化。

(1)只在 if 子句中嵌套 if 语句,形式如下:

if(表达式 1)

　　if(表达式 2) 语句 1

　　else 语句 2

else

　　语句 3

(2)只在 else 子句中嵌套 if 语句,形式如下:

if(表达式 1)

　　语句 1

else

　　if(表达式 2) 语句 2

　　else 语句 3

(3)不断在 else 子句中嵌套 if 语句形成多层嵌套,形式如下:

if(表达式 1)

　　语句 1

else

　　if(表达式 2)

　　　　语句 2

　　else

　　　　if(表达式 3)

　　　　　　语句 3

　　　　else

　　　　　　…

　　　　　　if(表达式 n-1)

　　　　　　　　语句 n-1

　　　　　　else

　　　　　　　　语句 n

这时形成了阶梯式的嵌套 if 语句,这样形成的语句可以用 if-else if 语句形式表示,看起来层次比较分明。

```
if(表达式 1)
    语句 1
else if(表达式 2)
    语句 2
else if(表达式 3)
    语句 3
    ...
else if(表达式 n-1)
    语句 n-1
else
    语句 n
```

【例 4.7】从键盘输入 3 个正整数,找出其中的最大数,并输出这个数。

【分析】该题可用双分支 if 嵌套结构来实现,首先将 3 个数分成两种情况,一种是 a>b 成立的情况,则进一步判断 a>c 是否成立;另一种是 a>b 不成立(即 a≤b 成立)的情况,则进一步判断 b>c 是否成立。流程图如图 4-5 所示。

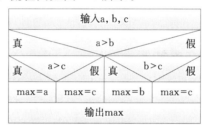

图 4-5　例 4.7 的流程图

```
#include <stdio.h>
int main()
{
    int a, b, c ,max;
    scanf("%d%d%d", &a, &b, &c);
    if(a>b)
        if(a>c) max=a;
        else max=c;
    else
        if(b>c) max=b;
        else max=c;
    printf("max=%d", max);
    return 0;
}
```

该程序中,当用 scanf 函数对 a,b,c 3 个变量输入值之后,如果第一个 if 语句的表达式 a>b 的值为"真",则执行该 if 语句的内嵌语句"if(a>c) max=a; else max=c;",继续判断 a>c 的值是否为"真",如果为真,则可得出变量 a 中的值为 3 个变量中最大者,因此,将变量 a 的值赋给变量 max;如果 a>c 的值为"假",则可以判断出 c 为最大者。如果第一个 if 语句的表达式 a>b的值为"假",则执行 else 子句"if(b>c) max=b; else max=c;",得出最大值。

程序测试 3 次的运行结果如下:

(1) 5 4 9↵

　　max=9

(2) 9 4 5↵

　　max=9

(3) 4 9 5↵

　　max=9

此例中的测试用例要覆盖所有情况,即最大数出现在不同位置的情况。

嵌套选择结构主要用于处理多条件的问题。设计嵌套选择结构时应清晰描述各条件之间的约束关系。在使用时要特别注意以下两点:

(1) if 与 else 的配对关系。内嵌结构中,else 总是与它上面最近的、未配对的 if 配对,组成一对 if-else 语句。

(2) 如果 if 与 else 的数目不一样,为了避免在 if 与 else 配对时出错,建议读者使用"{}"来限定内嵌 if 语句的范围。如以下形式的嵌套语句:

if(表达式 1)

　　{if(表达式 2) 语句 1}

else 语句 2

这里,"{}"限定了内嵌 if 语句的范围,因此 else 与第一个 if 配对。

思考:如果没有"{}",else 与哪个 if 配对?

【例 4.8】设变量 a,b,c,d 和 y 都已正确定义并赋值。若有以下 if 语句:

```
if(a<b)
    if(c==d) y=0;
    else y=1;
```

该语句所表示的含义是(　　)。

A $y=\begin{cases}0, & a<b \text{ 且 } c=d, \\ 1, & a\geqslant b.\end{cases}$　　　　　　　B $y=\begin{cases}0, & a<b \text{ 且 } c=d, \\ 1, & a\geqslant b \text{ 且 } c\neq d.\end{cases}$

C $y=\begin{cases}0, & a<b \text{ 且 } c=d, \\ 1, & a<b \text{ 且 } c\neq d.\end{cases}$　　　　　　　D $y=\begin{cases}0, & a<b \text{ 且 } c=d, \\ 1, & c\neq d.\end{cases}$

【分析】该程序段中,else 与第二个 if 语句配对,一起成为第一个 if 语句的内嵌语句,即在第一个 if 的表达式为真的条件下,再进一步判断第二个 if 的条件 c=d 是否为真,如果为真则执行语句"y=0;",否则,执行语句"y=1;"。因此,当变量 y 取 0 值时条件 a<b 与 c=d 均成立,当 y 取 1 时,a<b 成立,c=d 不成立。因此,答案为 C。

【例 4.9】编程计算一元二次方程 $ax^2+bx+c=0$ 的根,a,b,c 由键盘输入,其中 a≠0。

在例 3.15 中我们已做过这个题目,只不过当时因没有学习条件语句,假设 $b^2-4ac>0$,需要限制输入使求根结果有两个不相等的实根。现在去掉这个假设,把所有可能的情况都考虑进来。根据求根公式的算法,用自然语言描述如下:

(1) 输入一组系数 a,b,c;

(2) 若 a 值足够小,接近于 0 值,则输出"不是二次方程"提示信息,并终止程序的执行;

否则,继续 step 3;

(3) 计算判别式 disc＝b²－4ac;

(4) 计算 p 和 q 的值;

$$p=-\frac{b}{2a},q=\frac{\sqrt{|b^2-4ac|}}{2a}$$

(5) 若 disc 值足够小,接近于 0 值,则计算并输出两个相等实根:x1＝x2＝p;

(6) 否则,如果 disc 值为正,计算并输出两个不等实根:x1＝p＋q,x2＝p－q;

(7) 否则,有 disc 值为负,计算并且输出两个共轭复根:x1＝p＋qi,x2＝p－qi。

程序代码如下:

```
#include <stdlib.h>
#include <math.h>
#include <stdio.h>
#define EPS 1e-6
int main()
{
    float a,b,c,disc,p,q;

    printf("Please enter a,b,c:");
    scanf("%f,%f,%f",&a,&b,&c);

    if(fabs(a)<=EPS)          /* 测试 a 是否为 0,fabs 为求实数绝对值的数学函数*/
    {
        printf("It is not a quadratic equation! \n");
        exit(0);   /* exit()是终止整个程序的执行,强制返回操作系统,此函数需嵌入头文件
        stdlib.h*/
    }
    disc=b*b-4*a*c;
    if(fabs(disc)<=EPS)       /* 实数 disc 与 0 比较*/
    {
        printf("Two equal real roots:x1=x2=%6.2f\n",-b/(2*a));
    }
    else
    {
        p=-b/(2*a);
        q=sqrt(fabs(disc))/(2*a);
        if(disc>EPS)
    {
        printf("Two unequal real roots:x1=%6.2f,x2=%6.2f\n",p+q,p-q);
    }
    else
        {
            printf("Two complex roots:\n");
            printf("x1=%6.2f+%6.2fi\n",p,q);
```

```
        printf("x1=%6.2f-%6.2fi\n",p,q);
    }
}
    return 0;
}
```

注意:实数不能直接与 0 比较相等与否。

本例中,由于 a 是用户输入的原始数据,不存在计算误差,因此 a 与 0 比较也可用 a==0 代替。但 disc 是经过计算得到的浮点数,而绝大多数计算机中表示的浮点数都只是它们在数学上表示的数据的近似值,因此 disc 与 0 的比较不能用 disc==0 来代替,必须用 fabs(disc)<=EPS。

程序测试 4 次的运行结果如下:

(1) `Please enter a,b,c:0,10,2↵`
`    It is not a quadratic equation!`

(2) `Please enter a,b,c:2,6,1↵`
`    Two unequal real roots:x1=-0.18,x2=-2.82`

(3) `Please enter a,b,c:1,2,1↵`
`    Two equal real roots:x1=x2=-1.00`

(4) `Please enter a,b,c:2,3,2↵`
`    Two complex roots:`
`    x1=-0.75+0.66i`
`    x2=-0.75-0.66i`

本例在测试用例选取时,体现的是结构测试,即每个测试用例覆盖程序的 1 个分支,4 个测试用例正好覆盖程序的 4 个分支。

4.2　switch 语句

当问题的分支较多(一般大于 3 个),用 if-else-if 结构解决时由于分支过多,结构冗长,程序逻辑关系不清晰,通常使用开关语句(switch 语句)来简化程序设计。开关语句就像多路开关一样,使程序控制流程形成多个分支,根据一个表达式可能产生的不同结果值,选择其中的一个或几个分支语句去执行。因此,它常用于各种分类统计、菜单等程序设计。switch 语句的一般形式如下:

```
switch(表达式)
{
    case 常量表达式 1: 语句 1; break;
    case 常量表达式 2: 语句 2; break;
    ...
    case 常量表达式 n: 语句 n; break;
    default: 语句 n+1; break;
}
```

其流程图如图 4-6 所示。

执行过程:

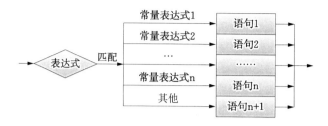

图 4-6　switch 结构流程图

（1）计算 switch 后圆括号内表达式的值，然后用该值逐个与 case 后的常量表达式值进行比较，当找到相匹配的值时，就执行该 case 后面的语句；若所有 case 中的常量表达式的值都没有与表达式的值匹配的，就执行 default 后面的语句。

（2）执行完一个 case 后面的语句后，如果遇到 break 语句，则跳出 switch 语句；如果没有 break 语句，程序转到下一个 case 处继续执行，并不再进行判断。

说明：

（1）switch，case，default，break 均是关键字。上述格式花括号括起来的部分称为 switch 语句体。switch 语句体中可以没有 break 语句和 default 部分。

（2）switch 后的表达式可以是整型或字符型，不能为实型。每一个 case 后面的常量表达式的值必须互不相同，常量表达式中不能有变量。

（3）default 最多只有一个，位置任意。各个 case 和 default 的出现次序不影响执行结果。

（4）多个 case 可以共用一组执行语句。

【例 4.10】若有定义：float x=1.5；int a=1,b=3,c=2；则正确的 switch 语句是（　　）。

A
```
switch(x)
  {
    case 1.0: printf("*\n");
    case 2.0: printf("**\n");
  }
```

B
```
switch((int) x) ;
  {
    case 1: printf("*\n");
    case 2: printf("**\n");
  }
```

C
```
switch(a+b)
  {
    case 1:   printf("*\n");
    case 2+1: printf("**\n");
  }
```

D
```
switch(a+b)
  {
    case 1: printf("*\n");
    case c: printf("**\n");
  }
```

【分析】选项 A 中 switch 后的表达式的值为实型，不正确；选项 B 的 switch 后多了一个分号，不正确；选项 D 的 case 后的常量表达式中含有变量，不正确；因此，正确答案为 C。

【例 4.11】将例 4.10 用 switch 语句实现。

```
#include <stdio.h>
main()
{
    int grade;
    printf("Please input grade:");
    scanf("%d",&grade);
    switch(grade)
```

```
    {
        case 4: printf("Excellent"); break;
        case 3: printf("Good"); break;
        case 2: printf("Average"); break;
        case 1: printf("Poor"); break;
        case 0: printf("Failing"); break;
        default: printf("Illegal grade"); break;
    }
}
```

思考：

(1) 如果每个 case 语句之后没有 break 语句，程序运行的输出结果有何变化？

(2) 如果输入的成绩是百分制分数，switch 后的表达式应该怎样写？提示：可采用整除方法，将表达式的取值压缩到有限的取值范围内。编写 switch 语句的程序的关键是如何构造 switch 后的表达式。

【例 4.12】编写一个简单的计算器程序，要求根据用户从键盘输入的表达式：

操作数 1　　运算符 op　　操作数 2

计算表达式的值，指定的运算符为加（＋）、减（－）、乘（＊）、除（/）。

程序代码如下：

```
#include <stdio.h>
int main()
{
    int data1,data2;                    /* 定义两个操作数*/
    char op;                            /* 定义运算符*/
    printf("Please enter the expression:");
    scanf("%d%c%d",&data1,&op,&data2);  /* 输入运算表达式*/
    switch(op)                          /* 根据输入的运算符确定要执行的运算*/
    {
        case '+':                       /* 处理加法*/
            printf("%d+%d=%d\n",data1,data2,data1+ data2);
            break;
        case '-':                       /* 处理减法*/
            printf("%d-%d=%d\n",data1,data2,data1- data2);
            break;
        case '* ':                      /* 处理乘法*/
            printf("%d*%d=%d\n",data1,data2,data1*data2);
            break;
        case '/':                       /* 处理除法*/
            if(0== data2)               /* 为避免出现溢出错误,检验除数是否为 0*/
                printf("Division by zero! \n");
            else
                printf("%d/%d=%d\n",data1,data2,data1/data2);
            break;
        default:
```

```
        printf("Unknown operator! \n");
    }
    return 0;
}
```

程序 6 次测试的运行结果如下:

① Please enter the expression:30+10↵

　　30+10=40

② Please enter the expression:30-10↵

　　30-10=20

③ Please enter the expression:30*10↵

　　30*10=300

④ Please enter the expression:30/10↵

　　30/10=3

⑤ Please enter the expression:30/0↵

　　Division by zero!

⑥ Please enter the expression:30\10↵

　　Unknown operator!

思考:

(1) 如果要求程序进行浮点数算术运算,则程序应该怎样修改?"if(0==data2)"还能用于比较实型变量 data2 和常数 0 的大小吗?

(2) 如果要求输入的算术表达式中的操作数和运算符之间可以加入任意多个空格符,如何修改程序?

4.3　选择结构程序设计举例

【例 4.13】写程序,判断某一年是否为闰年。

闰年的条件是:①能被 4 整除,但不能被 100 整除的年份都是闰年,如 1996 年、2004 年是闰年;②能被 100 整除,又能被 400 整除的年份是闰年,如 1600 年、2000 年是闰年。不符合这两个条件的年份不是闰年。

闰年的条件可以用逻辑表达式表示为:

(year%4==0&&year%100!=0)||year%400==0

定义变量 leap 代表是否闰年的信息,当条件为真时为闰年,leap=1;条件为假时为非闰年,leap=0。

编写程序如下:

```
#include <stdio.h>
int main()
{
    int year,leap;
    printf("Please input year:");
    scanf("%d",&year);
    if((year%4==0&&year%100!=0)||year%400==0)
```

```
        leap=1;
    else
        leap=0;
    if(leap)
        printf("%d is",year);
    else
        printf("%d is not",year);
    printf(" a leap year.\n");
    return 0;
}
```

运行情况如下：

（1）2000↙

　　2000 is a leap year.

（2）2017↙

　　2017 is not a leap year.

【例 4.14】依法纳税是每个公民应尽的义务，我国于 1980 年 9 月颁布施行《中华人民共和国个人所得税法》，开始征收个人所得税，同时确定了个税 800 元的起征点。随着我国职工工资收入和居民消费价格指数都有较大提高，加之近年教育、住房、医疗等改革的深入，消费支出明显增长，早已超过了个人所得税法规定的每月 800 元的减除费用标准，个人所得税起征点进行了多次调整，现在实施的是 2012 年调整的起征点 3500 元。全月应纳税所得额（月收入－3500－个人支付的社保和公积金费用）与税率对照表（此表对实际用表作了简化处理，实际用表分为 7 级）如表4-2所示。

表 4-2　应纳税所得额与税率对照表

级数	全月应纳税所得额	税率(%)
1	不超过 1500 元的	3
2	超过 1500 元至 4500 元的部分	10
3	超过 4500 元至 9000 元的部分	20
4	超过 9000 元的部分	25

利用 C 语言，开发一个简单、快速的个人所得税计算器，既能快速地计算应缴税金，又能适应起征点的调整。

本题属于多分支选择结构，可以用如下 3 种方法编程。

算法 1：用单分支 if 语句编程。

```
#include <stdio.h>
#define TB 3500                /* TB 为起征点 */
int main()
{
    float income,tax,td;       /* income 为应纳税所得额,tax 为应纳个人所得税 */
    int t1,t2,t3;              /* 本级最大纳税额 */
    t1=1500*0.03;
    t2=t1+3000*0.1;
    t3=t2+4500*0.2;
    printf("Please input your income:");
```

```
    scanf("%f",&income);
    if(income>0)
    {    td=income-TB;        /*td=应纳税所得额-起征点金额*/
        if(td<=0)tax=0.0;
        if(td>0 && td<=1500)tax=td*0.03;
        if(td>1500 && td<=4500)tax=t1+(td-1500)*0.1;
        if(td>4500 && td<=9000)tax=t2+(td-4500)*0.2;
        if(td>9000)tax=t3+(td-9000)*0.25;
    }
    else
    {    printf("input error! \n");exit(0);}
                            /* 当输入的应纳税所得额小于等于 0 时,报错,退出程序*/
        printf("tax=%.2f\n",tax);
        return 0;
}
```

算法 2:用 if-else 双分支结构在 if 子句中嵌入 if 语句的形式编程。

```
#include <stdio.h>
#define TB 3500                 /* TB 为起征点*/
int main()
{
    floatincome,tax,td;         /* income 为应纳税所得额,tax 为应纳个人所得税*/
    int t1,t2,t3;               /* 本级最大纳税额*/
    t1=1500*0.03;
    t2=t1+3000*0.1;
    t3=t2+4500*0.2;
    printf("Please input your income:");
    scanf("%f",&income);
    if(income>0)
    {    td=income-TB;          /*td=应纳税所得额-起征点金额*/
        if(td>0)
        {
            if(td>1500)
            {
                if(td>4500)
                {
                    if(td>9000)
                        tax=t3+(td-9000)*0.25;
                    else
                        tax=t2+(td-4500)*0.2;
                }
                else
                    tax=t1+(td-1500)*0.1;
            }
            else
```

```
                tax=td* 0.03;
        }
        else
            tax=0.0;
    }
    else                        /* 当输入的应纳税所得额小于等于 0 时,报错,退出程序*/
    {   printf("input error! \n");   exit(0);}
    printf("tax=%.2f\n",tax);
    return 0;
}
```

算法 3:用 if-else if 结构,在 else 子句中嵌入 if 语句的形式编程。

```
#include <stdio.h>
#define TB 3500                 /* TB 为起征点*/
int main()
{
    float income,tax,td;        /* income 为应纳税所得额,tax 为应纳个人所得税*/
    int t1,t2,t3;               /* 本级最大纳税额*/
    t1=1500* 0.03;
    t2=t1+3000* 0.1;
    t3=t2+4500* 0.2;
    printf("Please input your income:");
    scanf("%f",&income);
    if(income>0)
    {   td=income-TB;           /*td＝应纳税所得额- 起征点金额*/
        if(td<=0)tax=0.0;
        else if(td<=1500)tax=td* 0.03;
        else if(td<=4500)tax=t1+ (td-1500)* 0.1;
        else if(td<=9000)tax=t2+ (td-4500)* 0.2;
        else tax=t3+ (td-9000)* 0.25;
    }
    else /* 当输入的应纳税所得额小于等于 0 时,报错,退出程序*/
    {   printf("input error! \n");   exit(0);   }
    printf("tax=%.2f\n",tax);
    return 0;
}
```

说明:

(1) 由于 if 或 else 子句中只允许有一条语句,因此,需要多条语句时必须用复合语句,即把需要执行的多条语句用一对大括号括起来,否则出错。

(2) if 子句中内嵌 if 语句时,因为 else 子句总是与距离它最近的且没有配对的 if 相结合,而与书写的缩进格式无关,所以如果内嵌的 if 语句没有 else 分支,即不是完整的 if-else 形式时,极易发生配对错误。为了避免这类错误的发生,有两种有效方法:一是将 if 子句的内嵌 if 语句用一对大括号括起来,如本例算法 2 程序;二是尽量采用在 else 子句中内嵌 if 语句的形式编程,如本例算法 3 程序。

　　下面是本例的运行结果。

第 1 次测试程序的运行结果如下：

```
Please input your income: 4800↵
tax=39.00
```

第 2 次测试程序的运行结果如下：

```
Please input your income: 6000↵
tax=145.00
```

第 3 次测试程序的运行结果如下：

```
Please input your income: 10000↵
tax=745.00
```

第 4 次测试程序的运行结果如下：

```
Please input your income: 15000↵
tax=1870.00
```

第 5 次测试程序的运行结果如下：

```
Please input your income:-5↵
input error!
```

　　上面对程序所有的 5 个分支的情况分别进行了测试,检验程序中的每条路径是否都能按预定要求正确工作。

　　【例 4.15】编写程序,输入月份的数字,判断这个月是什么季节。如:输入 12,输出 Winter。

```c
#include <stdio.h>
int main()
{
    int month;
    printf("Please input month:");
    scanf("%d",&month);
    switch(month)
    {
        case 12:
        case 1:
        case 2:printf("%d is in the Winter.\n",month);break;
        case 3:
        case 4:
        case 5:printf("%d is in the Spring.\n",month);break;
        case 6:
        case 7:
        case 8:printf("%d is in the Summer.\n",month);break;
        case 9:
        case 10:
        case 11:printf("%d is in the Autumn.\n",month);break;
        default:printf("%d is Wrong month.\n",month);
    }
```

```
}
```

思考:用 if 语句能实现吗?

4.4　常见错误及改正方法

选择结构程序设计常见的错误及改正方法如下:

(1) 在 if 语句的条件表达式的圆括号后紧跟写上了一个分号,这将引起单分支选择语句出现逻辑错误,或双分支选择语句出现一个语法错误。

如:

```
if(x>0); y=10;
```

本意为当 x>0 成立时,y 的值为 10;否则的话,y 值不变。但由于在条件表达式的圆括号后紧跟写上了一个分号,这个分号是一条空语句,当 x>0 成立时就执行这条空语句了,"y=10;"不论条件成立与否均会执行,即无论 x>0 成立与否,y 值均为 10 了,与本意不符。

如这种错误出现在双分支选择结构中:

```
if(x>0);
    y=10;
else  y=1;
```

这将产生语法错误"error C2181: illegal else without matching if"。

(2) 在界定 if 语句后的复合语句时,忘记了一个或两个花括号。

如:

```
int i=1,sum=0;
if(i<=100)
{
    sum=sum+i;
    i++;
    /* 花括号左右个数不等 */
```

(3) if 语句的条件表达式中,表示相等条件时,将关系运算符"=="误用作赋值运算符"="。

如:

```
if(x<0)y=-exp(x);
else if(x=0)y=1;    /* 这个分支的条件恒为假,从不执行,与本意不符 */
else  y=exp(-x);
```

(4) switch 语句中,case 后的常量表达式用一个区间表示,或者出现了运算符(如关系运算符等)。

如:

```
switch(a)
{
    case 90:printf("good!");break;
    case a<60:printf("fail!");break;
}
```

这将出现一个语法错误,"error C2051: case expression not constant"。

(5) switch 语句中,case 和其后的数值常量中间缺少空格,导致逻辑错误。

如：

```
switch(a)
{
    case90:printf("good!");break;
    case50:printf("fail!");break;
}
```

这将出现一个警告，"warning C4102：'case50'：unreferenced label 和 warning C4102：'case90'：unreferenced label"。

（6）期望用浮点数来精确地表示一个数据。

（7）试图用相等运算符"＝＝"去比较两个浮点数是否相等，或者比较一个浮点数是否等于 0。

如：

```
double x,y,z;
if(x==y)z=x;
```

即使在数学上 x 和 y 是相等的，但因为浮点数在计算机中存储是有误差的，导致 x＝＝y 的值为假，因而运算结果与本意不符。浮点数与 0 比较也是同样的道理。

习　题　4

一、问答题

1.什么是算法？试从日常生活中找 3 个例子，描述它们的算法。

2.请设计算法：有两个瓶子，A 是可乐，B 是雪碧，把它们交换过来。

3.请设计算法：求一元二次方程 $ax^2+bx+c=0$ 的根，考虑有两个相等实根和两个不等实根的情况。

二、选择题

1.设变量 x 和 y 均已正确定义并赋值，以下 if 语句中，在编译时产生错误信息的是（　　　）。

A if(x++);　　　　　　　　　　　B if(x＞y&&y!＝0);

C if(x＞y) x－－　　　　　　　　D if(y＜0){;}
　　else y++;　　　　　　　　　　　　else x++;

2.有以下程序

```
#include<stdio.h>
intmain()
{
    int a=0,b=0,c=0,d=0;
    if(a=1)b=1; c=2;
    else   d=3;
    printf("%d,%d,%d,%d\n", a,b,c,d);
    return 0;
}
```

程序运行后输出(　　　)。

A 0,1,2,0　　　　　　　B 0,0,0,3　　　　C 1,1,2,0　　　　　D 编译有错

3.有以下计算公式

$$y = \begin{cases} \sqrt{x}, & x \geqslant 0, \\ \sqrt{-x}, & x < 0. \end{cases}$$

若程序前面已在命令中包含 math.h 文件,不能够正确计算上述公式的程序段是(　　　)。

A if(x>=0)y=sqrt(x);　　　　　　B y=sqrt(x)

　　else y=sqrt(-x);　　　　　　　　if(x<0)y=sqrt(-x);

C if(x>=0)y=sqrt(x);　　　　　　D y=sqrt(x>=0?x:-x);

　　if(x<0)y=sqrt(-x);

4.若有定义:　float x=1.5;int a=1,b=3,c=2;则正确的 switch 语句是(　　　)。

```
A switch (x)
{    case 1.0:rintf("* \n");
     case 2.0:printf("* * \n");
}
B switch ((int)x);
{    case  1:printf("* \n");
     case  2:printf("* * \n");
}
C switch (a+b)
{    case  1:printf("* \n");
     case 2+1:printf("* * \n");
}
D switch (a+b)
{    case  1:printf("* \n");
     case  c:printf("* * \n");
}
```

三、写出下列程序的运行结果。

1.
```
#include <stdio.h>
main()
{
    int a=3,b=4,c=5,t=99;
    if(b<a&&a<c)t=a;a=c;c=t;
    if(a<c&&b<c)t=b;b=a;a=t;
    printf("%d%d%d\n",a,b,c);
}
```

2.
```
#include <stdio.h>
main()
{    int a=2,b=3,c=1;
```

```
    if(a>b)
        if(a>c)
            printf("%d\n",a);
        else
        printf("%d\n", b);
    printf("over! \n");
}
```

四、程序填空。阅读程序,在程序空白处填上适当的表达式或语句,使程序完整。

1. 以下程序的功能是:输出 a,b,c 三个变量中的最小值,请填空。

```
# include <stido.h>
main()
{   int a,b,c,t1,t2;
    scanf("%d%d%d",&a,&b,&c);
    t1=a<b?   【1】   ;
    t2=c< t1?   【2】   ;
    printf("%d\n",t2);
}
```

2. 以下程序用于判断 a,b,c 能否构成三角形,若能,输出 YES,否则输出 NO。当给 a,b,c 输入三角形三条边长时,确定 a,b,c 能构成三角形的条件是同时满足:a+b>c,a+c>b,b+c >a。请填空。

```
# include <stdio.h>
main()
{
    float a,b,c;
    scanf("%f%f%f",&a,&b,&c);
    if(   【1】   )printf("YES\n");
    else   printf("NO\n");
}
```

五、编程题

1. 编程计算分段函数 $y=\begin{cases} x^3, & x<3, \\ 0, & x=0, \\ \sqrt{x}, & x>0. \end{cases}$

输入 x,打印出 y 值。

2. 用 switch 语句编写一个程序,要求用户输入一个两位的整数,显示这个数的英文单词。
   例如:输入 45,显示 forty-five。注意:对 11~19 要进行特殊处理。

3. 输入 3 个数 a,b,c,要求按由小到大的顺序输出。

第5章 循环结构程序设计

内容提要

（1）知识点：while，do-while 和 for 3 种循环结构及 break，continue 和 goto 语句的作用，常用算法，如递推法，穷举法等。

（2）难点：累加和累乘问题的算法设计及寻找累加项或累乘项的构成规律，3 种循环语句的区别和联系，循环语句的嵌套，break 语句的作用及其与 continue 语句的区别。

到目前为止，我们已学习了顺序结构、选择结构的程序。但是，许多问题要求相同的计算或指令序列用不同数据组重复循环，如不断地检查用户的数据输入直到输入一个可接受的数据为止。如例 4.14 中，我们设计了一个计算个人所得税的程序，每执行一次程序，用户只能对一个收入数据进行计算，若要计算其他数据，必须重新运行一次程序，能否在不退出程序运行的前提下，让用户可以做多次计算，直到用户想停止时按一个键（如"Y"或"y"）才结束呢？

答案是肯定的，只要用本节介绍的循环结构就能实现。

循环是重复执行某些语句（循环体）的一种结构。循环结构是 C 语言程序设计中的 3 种基本结构之一，灵活掌握循环结构对于编写高效简洁的程序至关重要。在循环结构程序设计中，有些是循环次数确定的循环，即执行确定的次数之后循环结束，有些循环没有事先预定循环的次数，而是通过达到一定条件后由控制转移语句强制结束和跳转。循环程序设计的特点是程序的执行顺序与程序书写的顺序相一致，而且在循环体上重复执行多次。

循环结构有两种类型：

（1）当型循环结构，流程图如图 5-1 所示，表示当 P 成立（为真）时，反复执行 A 语句块，直到条件 P 不成立（为假）时结束循环。

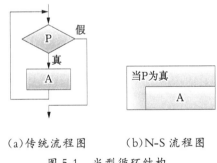

（a）传统流程图　　（b）N-S 流程图

图 5-1　当型循环结构

（2）直到型循环结构，流程图如图 5-2 所示，表示先执行 A 语句块，再判断条件 P 是否成立（为真），若条件 P 成立（为真），则反复执行 A 语句块，直到条件 P 不成立（为假）时结束循环。

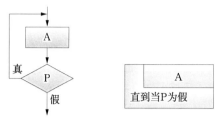

(a)传统流程图　　　(b)N-S 流程图

图 5-2　直到型循环结构

在 C 语言中有 while, do-while 和 for 3 种循环语句。

5.1　while 语句

while 语句用来实现"当型"循环结构,即满足一定条件时才执行后面的循环体语句。其一般形式为:

while(表达式)

循环体

执行过程:先求表达式的值,当表达式值为非零(为真)时,则执行循环体中的语句(为清楚起见,循环体语句通常用一对花括号括起来,构成复合语句),接着再次判定表达式,再执行循环体,这个过程持续进行直到表达式的值为 0 时,结束循环。

特点是:先判断表达式,后执行循环体语句。

【例 5.1】用 while 语句,求 $1+2+3+\cdots+99+100$。

【分析】本题的关键是定义循环的判断条件,实现 100 个自然数求和。定义一个变量 i,从 1 开始,每循环一次加上 1,直到 i>100 为止;再定义一个变量 sum 存放总和,将其清零,然后,每循环一次加上一个自然数到总和中。流程图如图 5-3 所示。

程序代码如下:

```
# include <stdio.h>
int main()
{
    int i=1, sum=0;
    while(i<=100)
    {
        sum=sum+i;
        i++;
    }
    printf("sum=%d\n", sum);
    return 0;
}
```

图 5-3　例 5.1 流程图

程序运行结果如下:

```
sum=5050
```

【例 5.2】从键盘输入一个正整数,计算其阶乘。

【分析】本题的题意是求 n!,其中 n 从键盘输入。这是一个循环次数已知的求积问题,求 n! 时,用 1!×2 得到 2!,用 2!×3 得到 3!,以此类推,直到利用(n−1)!×n 得到 n! 为止,于是可得到求 n! 的递推公式为

$$n! = (n-1)! \times n。$$

如果用 sum 表示(i−1)! 的话,那么只要将 sum 乘以 i 即可得到 i! 的值了,用 C 语言表示这种累乘关系即为

$$sum=sum*i;$$

利用 while 语句实现循环时,关键是定义循环终止的条件,可以定义一个循环变量 i,i 从 1 开始,每循环一次加上 1,直到 i>n 终止,while 语句的表达式为 i<=n;再定义一个变量 sum 存放阶乘,令 sum 的初值为 1(思考:为什么不能为 0?),每循环一次乘以一个 i。流程图如图 5-4 所示。

程序代码如下:

```
#include <stdio.h>
int main()
{
    int i=1, sum=1, n;
    printf("Please input n: ");
    scanf("%d", &n);
    while(i<= n)
    {
        sum=sum*i;
        i++;
    }
    printf("sum=%d\n", sum);
    return 0;
}
```

图 5-4　例 5.2 流程图

程序运行结果如下:

```
Please input n:10↵
10!=3628800
```

思考:

(1) 若要打印出现 1~n 之间的所有数的阶乘值,程序如何修改呢?

(2) 该题能否用 do-while 语句,for 语句来实现呢?

关于 while 语句的说明:

(1) 循环体有可能一次也不执行,即当进入循环时,第一次计算 while 后的表达式的值为 0(假),就立即结束循环。

(2) while 后的表达式可以是任意类型的表达式。若有以下定义:

```
int x;
char c;
```

则下面的语句都是合法的:

```
while(1) {…}                 /* 常量表达式,条件永远为真*/
while(0) {…}                 /* 常量表达式,条件永远为假*/
while(x) {…}                 /* 变量表达式*/
while((c=getchar())!='\n') {…}    /* 复杂表达式*/
```

（3）循环体语句可以是任意类型语句，它可以是一条语句、空语句或多条语句，若为多条语句则必须用{}括起来。

（4）遇到下列情况退出循环：条件表达式不成立（为 0）；循环体内遇 break，return，goto。

（5）无限循环：当条件表达式始终是非零时，while 语句将无法停止。事实上，C 语言程序员有时故意用非零常量作为条件表达式来构造无限循环。惯用形式为：

while(1)
**　　循环体**

除非循环体含有跳出循环控制的语句（break，return，goto）或者调用了导致程序终止的函数，否则上述这种形式的 while 语句永远执行下去。

【例 5.3】利用 $\dfrac{\pi}{4}=1-\dfrac{1}{3}+\dfrac{1}{5}-\dfrac{1}{7}+\cdots$ 计算 π 的值，直到最后一项的绝对值小于 10^{-4} 为止，要求统计总共累加了多少项。

【分析】本题也是一个累加问题，但与例 4.19 不同，此题中循环次数是预先未知的，而且累加项以正负交替的规律出现，如何解决这类问题呢？

本题中的累加项的构成可用寻找累加项通式的方法得到，具体表示为 term＝sign/n，即累加项由分子和分母两部分组成，分子按＋1，−1，＋1，−1，…交替变化，可用赋值语句"sign＝−sign;"实现，sign 的初值取为 1.0；分母 n 按 1，3，5，7，…变化，用语句"n＝n＋2;"实现，n 的初值取为 1。统计累加项数只要设置一个计数器变量即可，这里计数器变量取名 count，初值为 0，在循环体中每累加一项就加一次 1。

程序代码如下：

```
#include <math.h>
#include <stdio.h>
int main()
{
    double pi,sum=0,term,sign=1.0;      /* sum 赋初值 0,分子 sign 赋初值 1*/
    int count=0,n=1;                    /* count 赋初值 0,分母 n 赋初值 1*/

    term=1.0;                           /* 为先判断后执行的需要,累加项 term 也赋初值*/
    while (fabs(term)>=1e-4)            /* 判断累加项是否满足循环终止条件*/
    {
        term=sign/n;                    /* 累加项由分子 sign 除以分母 n 得到*/
        sum=sum+term;                   /* 将累加项累加到累加和变量 sum 中去*/
        count++;                        /* 计数器变量 count 计数加 1*/
        sign=-sign;                     /* 分子变化*/
        n= n+2;                         /* 分母变化*/
    }
    pi=sum* 4;

    printf("pi=%f\n count=%d\n",pi,count);
    return 0;
}
```

程序运行结果如下：

```
pi=3.141793
count=5001
```

5.2　do-while 语句

do-while 语句用来实现"直到型"循环结构,即一直循环到条件不成立为止的循环结构。一般形式为:

do

　　循环体

　　while(表达式);　　　　（* 此处的分号不能少！*）

执行过程:与 while 语句不同,do-while 语句不管条件如何,至少先执行一次循环体内的语句,然后判断 while 后括号内表达式的值是否为真,若表达式的值非 0,即为真,则继续重复执行循环体语句,然后再次计算表达式的值……当循环体执行后,条件表达式的值变为 0 时,循环结束。

特点:先执行循环体,然后判断循环条件是否成立。

说明:

(1) while 后的表达式可以是任意类型的表达式。若有以下定义:

```
int x;

char c;
```

则下面的语句都是合法的:

```
do {…} while(1);                    /* 常量表达式,条件永远为真*/

do {…} while(0);                    /* 常量表达式,条件永远为假*/

do {…} while(x);                    /* 变量表达式*/

do {…} while(x/=10);                /* 赋值表达式*/

do {…} while((c=getchar())!='\n');  /* 复杂表达式*/
```

(2) 循环体语句可以是任意类型语句,它可以是一条语句、空语句或多条语句,若为多条语句必须用{}括起来。

(3) while 后面的括号不能省,末尾必须加分号。

【例 5.4】用 do-while 语句,求 1! +2! +3! +……+20!。

【分析】本题的关键是定义循环的终止判断条件,实现 20 个自然数的阶乘求和。定义一个变量 i,从 1 开始,每循环一次加上 1,直到 i>20 为止;定义一个变量 p 存放 i 的阶乘,p 从 1 开始;再定义一个变量 sum 存放总和,将其清零,然后,每循环一次加上一个自然数的阶乘到总和中。流程图如图 5-5 所示。程序代码如下:

```
#include <stdio.h>

int main()

{

    int i=1,p=1,sum=0;

    do

    {   p=p*i;          /* 求 i 的阶乘*/

        sum=sum+p;      /* 求 1~i 的阶乘和*/

        i=i+1;
```

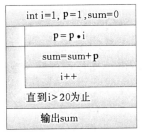

图 5-5　例 5.4 流程图

```
    }while(i<=20);
    printf("sum=%d\n",sum);
    return 0;
}
```

读者可用 while 语句和 for 语句来改写此程序。

【例 5.5】用 do-while 语句,利用$\frac{\pi}{4}=1-\frac{1}{3}+\frac{1}{5}-\frac{1}{7}+\cdots$计算 π 的值,直到最后一项的绝对值小于 10^{-4} 为止,要求统计总共累加了多少项。

算法如例 5.3。

程序代码如下:

```
#include <math.h>
#include <stdio.h>
int main()
{
    double pi,sum=0,term,sign=1.0;          /*sum 赋初值 0,分子 sign 赋初值 1.0*/
    int count=0,n=1;                        /* count 赋初值 0,分母 n 赋初值 1*/

    do{
        term=sign/n;                        /* 累加项由分子 sign 除以分母 n 得到*/
        sum=sum+term;                       /* 将累加项累加到累加和变量 sum 中去*/
        count++;                            /* 计数器变量 count 计数加 1*/
        sign=-sign;                         /* 分子变化*/
        n= n+2;                             /* 分母变化*/
    }while(fabs(term)>=1e-4);               /* 判断累加项是否满足循环终止条件*/
    pi=sum*4;

    printf("pi=%f\n count=%d\n",pi,count);
    return 0;
}
```

程序运行结果与例 5.3 相同。

由于本程序采用 do-while 语句,它是先执行后判断,所以累加项 term 不必在循环体开始前赋初值。

5.3　for 语句

for 语句是 C 语言循环结构中功能最为强大、应用最为灵活、使用最为广泛的一种形式,它不仅适用于循环次数确定的情况,也适用于循环次数未知的情况。while 语句和 do-while语句循环均可转换成 for 循环的形式。

for 语句的一般形式为:

for(表达式 1;表达式 2;表达式 3)

循环体

说明:

（1）for 是关键字。

（2）for 之后的圆括号内一共有 3 个表达式，以分号隔开。一般情况下，表达式 1 的作用是赋初值；表达式 2 的作用是控制循环，即循环条件；表达式 3 的作用是修改循环变量的值，一般是赋值。

（3）循环体语句如果只有一条，可以不加花括号；如果循环语句超过一条，则必须加花括号组成复合语句。

（4）圆括号内的 3 个表达式在语法上都可以省略，但两个分号";"不能省略。

执行过程：先执行表达式 1；再判断表达式 2 是否为 0，若不为 0，则执行循环体语句，执行表达式 3，再重新计算表达式 2；若表达式 2 为 0，则退出 for 循环。

for 语句和 while 语句关系密切。事实上，除极少数情况外，for 语句总可以用如下等价的 while 语句替换：

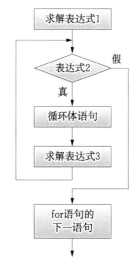

表达式 1；

while(表达式 2)

{

　　循环体语句；

　　表达式 3；

}

其流程图如图 5-6 所示。

图 5-6　for 循环流程图

【例 5.6】等差数列求和，首项为 1.4，公差为 1.2，计算前 100 项的和，用 for 语句编程。

【分析】本题用 for 循环，关键是定义三个表达式，根据题意，要求 100 项之和，所以定义循环变量 i，i 初值为 1（表达式 1：i＝1），每循环一次循环变量加 1（表达式 3：i＋＋），循环一共执行 100 次，（表达式 2：i＜＝100），循环体语句就是累加等差数列的当前项的值（sum＋＝a）当前项为 a，a 的初值即首项为 1.4，后项为前项加公差（a＋＝1.2）。其流程如图 5-6 所示。

程序代码如下：

```
# include <stdio.h>
int main()
{
    int i;
    double a=1.4;
    double sum=0;
    for(i=1;i<=100;i++)
    {
        sum+ =a;
        a+ =1.2;
    }
    printf("sum=%f\n",sum);
    return 0;
}
```

说明:

在整个 for 循环的执行过程中,表达式 1 只计算一次,表达式 2 和表达式 3 则可能计算多次,循环体可能多次执行,也可能一次都不执行,要视条件而定。其中:

(1)表达式 1 可省略,此时应在 for 语句前给循环变量赋初值。如:

　　i=1;　for(;i<=100;i++){sum+=a;a+=1.2;}

(2)表达式 2 可省略,即不判断循环条件,循环将无终止地进行下去,需要在循环体中用 break 语句退出循环。如:

　　for(i=1;　;　i++){if(i>100)break;sum+=a;a+=1.2;}

(3)表达式 3 也可省略,但应在循环体中让循环变量产生变化,保证循环能正常结束。如:

　　for(i=1;i<=100;){sum+=a;a+=1.2;i++;}

(4)表达式 1 和 3 可同时省略,只给出表达式 2(循环条件)。如:

　　i=1;

　　for(;i<=100;)

　　{sum+=a;a+=1.2;i++;}

(5)三个表达式都可省略,但分号不能少。此时在循环体中需要使用相关语句保证循环结束。如:

　　i=1;

　　for(;　;)

　　{if(i>100)break;sum+=a;a+=1.2;i++;}

(6)循环体可以是空语句,空语句用于延时。

　　for(sum=0,i=1;i<=100;sum+=a,a+=1.2,i++);

【例 5.7】用 for 语句,利用 $\frac{\pi}{4}=1-\frac{1}{3}+\frac{1}{5}-\frac{1}{7}+\cdots$ 计算 π 的值,直到最后一项的绝对值小于 10^{-4} 为止,要求统计总共累加了多少项。

算法如例 5.3。

程序代码如下:

```c
#include <math.h>
#include <stdio.h>
int main()
{
    double pi,sum=0,term,sign=1.0;    /* sum 赋初值,分子 sign 赋初值*/
    int count=0,n=1;                  /* 计数器变量 count 赋初值 0,分母 n 赋初值 1*/

    term=1.0;                         /* 为先判断后执行的需要,累加项 term 也赋初值*/
    for(;fabs(term)>=1e-4;)           /* 判断累加项是否满足循环终止条件*/
    {
        term=sign/n;                  /* 累加项由分子 sign 除以分母 n 得到*/
        sum=sum+term;                 /* 将累加项累加到累加和变量 sum 中去*/
        count++;                      /* 计数器变量 count 计数加 1*/
        sign=-sign;                   /* 分子变化*/
        n=n+2;                        /* 分母变化*/
```

```
        }
        pi＝sum*4;

        printf("pi=%f\n count=%d\n",pi,count);
        return 0;
}
```

　　由于 for 语句和 while 语句一样是先判断后执行，所以在循环开始前，要为累加项 term
赋初值。

　　在例 5.3、例 5.5 和例 5.7 的循环体中，采用的都是先计算累加项然后再执行累加运算
的策略，如果采用先执行累加运算然后再计算累加项的策略，结果又会怎样？请读者阅读下
面的程序并分析为什么打印结果会略有差异。

```
# include <math.h> >
# include <stdio.h>
int main()
{
        double pi,sum=0,term,sign=1.0;    /* sum 赋初值,分子 sign 赋初值*/
        int count=0,n=1;                  /* 计数器变量 count 赋初值 0,分母 n 赋初值 1*/

        term=1.0;                         /* 为先判断后执行的需要,累加项 term 也赋初值*/
        for(;fabs(term)>=1e-4;)           /* 判断累加项是否满足循环终止条件*/
        {
            sum=sum+term;                 /* 将累加项累加到累加和变量 sum 中去*/
            count++;                      /* 计数器变量 count 计数加 1*/
            sign=-sign;                   /* 分子变化*/
            n=n+2;                        /* 分母变化*/
            term=sign/n;                  /* 累加项由分子 sign 除以分母 n 得到*/
        }
        pi=sum*4;

        printf("pi=%f\n count=%d\n",pi,count);
        return 0;
}
```

　　程序运行的结果如下：

```
    pi=3.141393
    count=5000
```

　　从前面几个例子可以看出：虽然 while,do-while 和 for 这三种循环语句可能实现同样
的功能，但为了使程序更简明易读，读者最好选用更恰当的语句来编程。例如，对于循环次
数已知的情形，用 for 语句编程更简练；而对于循环次数未知的情形，用 while 或 do-while
语句编程更恰当。

5.4　循环结构的嵌套

　　循环结构中的循环体语句可以是任何合法的 C 语句，while,do-while,for 语句是合法

的 C 语句,当然也能出现在循环体中,这种循环体中又包含了另一个完整的循环结构,称为循环的嵌套。内嵌的循环还可以嵌套循环,这就是多层循环。

while, do-while, for 3 种循环可以相互嵌套,例如,下面几种都是合法的嵌套形式:

(1)while()
　　{…
　　　　while()
　　　　{…}
　　}

(2)do
　　{…
　　　　do
　　　　{…}
　　　　while();
　　} while();

(3)for(;;)
　　{
　　　　for(;;)
　　　　{…}
　　}

(4)while()
　　{…
　　　do{…}
　　　while()
　　　{…}
　　}

(5)for(;;)
　　{…
　　　while();
　　　{…}
　　　…
　　}

(6)do
　　{…
　　　for(;;){…}
　　　…
　　}
　　while();

循环嵌套层数不限。但最常用的是二重循环或三重循环,如果嵌套的层数太多,会增加程序阅读、理解的困难,给程序调试带来麻烦。

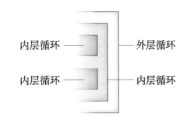

内层循环　　　　外层循环

内层循环　　　　内层循环

图 5-7　合法的循环嵌套

嵌套循环时,外循环必须完整地包含内循环,不能相互交叉。合法的嵌套循环如图 5-7 所示。

嵌套循环的执行过程:首先执行外循环,然后执行内循环,外循环每执行一次,内循环就完整地执行一遍。若内循环中还存在嵌套的循环,则进入下一层嵌套循环结构中,顺序执行有关的循环结构。若在某层循环结构中嵌套了两个或多个并列的循环结构,则从外循环进入时,顺次执行这些并列的循环结构。

例如,输出如图 5-8 所示的图形,可以用单层循环实现。

```c
#include <stdio.h>
int main()
{
    int i;
    for(i=1; i<=5; i++)
        printf("*****\n");
    return 0;
}
```

图 5-8　星号图形

观察上面的程序可以发现,语句" printf("*****\n"); "的功能等价于以下的循环结构:

```c
for(j=1; j<=5; j++)
    printf("*");
printf("\n");
```

进行一个等价替换,就可以得到以下的嵌套循环:

```
#include <stdio.h>
int main()
{
    int i, j;
    for(i=1; i<=5; i++)
    {
        for(j=1; j<=5; j++)
            printf("* ");
        printf("\n");
    }
    return 0;
}
```

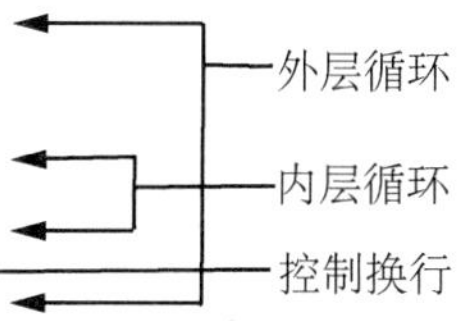

这里外层循环的循环控制变量为 i,内层循环的循环控制变量为 j(**注意**:嵌套循环的内外循环控制变量不能同名,否则引起混乱)。当 i 为 1 时,内层的 for 循环从 j 为 1 开始,每循环一次就在屏幕上输出一个"*",然后 j 自加 1,直到 j 为 6 时退出内层 for 循环,在屏幕上输出一个换行符,这时,i 自加 1 变为 2,然后又执行内层循环。如此重复 5 次后,i 的值变为 6,退出外层的 for 循环,程序结束。

【例 5.8】演示循环嵌套的执行过程。

```
#include <stdio.h>
int main()
{
    int i,j

    for(i=1;i<4;i++)                          ←────  外层循环
    {
        printf("i=%d:",i);
            for(j=1;j<5;j++);                 ←────  内层循环
                printf("j=%-4d",j);
        printf("\n");                         ←────  控制换行
    }
    return 0;
}
```

程序运行结果如图 5-9 所示。

图 5-9　例 5.8 运行结果

思考:将上述程序中内层循环的控制变量 j 改成 i 后,运行结果怎样? 请读者上机运行,观察变量 i 的变化,然后分析其原因。

【例 5.9】输出如下形式的小九九乘法表。

```
1*1=1
1*2=2   2*2= 4
1*3=3   2*3= 6   3*3= 9
1*4=4   2*4= 8   3*4=12   4*4=16
1*5=5   2*5=10   3*5=15   4*5=20   5*5=25
1*6=6   2*6=12   3*6=18   4*6=24   5*6=30   6*6=36
```

1 * 7=7	2 * 7=14	3 * 7=21	4 * 7=28	5 * 7=35	6 * 7=42	7 * 7=49		
1 * 8=8	2 * 8=16	3 * 8=24	4 * 8=32	5 * 8=40	6 * 8=48	7 * 8=56	8 * 8=64	
1 * 9=9	2 * 9=18	3 * 9=27	4 * 9=36	5 * 9=45	6 * 9=54	7 * 9=63	8 * 9=72	9 * 9=81

【分析】乘法表中给出的是两个数的乘积,如果用变量 m 代表被乘数,n 代表乘数,按照题目要求的格式打印,被乘数 m 取值范围是 1~9,而乘数 n 因为每行打印的列数不同,第 1 行打印 1 列,第 2 行打印 2 列……第 9 行打印 9 列,即第 m 行打印 m 列,所以取值范围是 1~m。程序需用两重循环嵌套实现,用外层循环控制被乘数的变化,内层循环控制乘数的变化。程序代码如下:

```c
#include <stdio.h>
int main()
{
    int m,n;

    for (m=1;m<=9;m++)                    /* 被乘数 m 从 1 变化到 9*/
    {
        for (n=1;n<=m;n++)                /* 乘数 n 从 1 变化到 m*/
        {
            printf("%d*%d=%2d ",n,m,n* m);/* 输出第 m 行 n 列中的 m* n 的值*/
        }
        printf("\n");                     /* 输出换行符,准备打印下一行*/
    }
    return 0;
}
```

思考:如果将"printf("%d*%d=%2d ",n,m,n* m);"语句中的 m 和 n 互换,结果会怎样?请读者上机运行并观察分析原因。

5.5　控制转移语句

在 while,do-while 和 for 语句 3 种循环结构中,当条件表达式不成立(为 0)时,循环结束。但实际情况有时并不需要执行全部循环体语句,特别是循环次数是不确定的循环结构中,当满足一定条件时可跳过其中的一部分语句,或者终止循环,这就要用到控制转移语句 break,continue,goto 语句。

5.5.1　break 语句

在 4.3.2 节的例 4.16 中,已经用过 break 语句,它的作用是从 switch 结构中跳出。同样,在循环结构中,可以用 break 语句跳出循环体,使循环提前结束。在循环中灵活运用 break 语句可以有效控制流程,防止死循环的发生。

break 语句的一般形式为:

if(表达式) break;

注意:break 语句只能出现在 switch 语句或循环语句中,不能出现在其他地方。

【例 5.10】从键盘输入 10 个整数,并求这 10 个数的和,如果输入的整数是负数,则提前结束循环。

算法 1：将 break 语句用于 for 语句中。

```
for(n=0, s=0; n<10; n++)
{
    scanf("%d ", &x);
    if(x<0) break;
    s+=x;
}
```

算法 2：将 break 语句用于 while 语句中。

```
n=0; s=0;
while(n<10)
{
    scanf("%d ", &x);
    if(x<0) break;
    s+=x;
    n++;
}
```

算法 3：将 break 语句用于 do-while 语句中。

```
n=0; s=0;
do
{
    scanf("%d ", &x);
    if(x<0) break;
    s+=x;
    n++;
} while( n<10);
```

【例 5.11】从键盘输入一个正整数，判断它是否为素数，若是素数，输出"Yes"，否则输出"No"。

【分析】素数即质数，它除了能被 1 和它本身整除外，不能被其他任何整数整除（1 不是素数）。例如，13 是一个素数，除了 1 和 13 以外，它不能被 2～12 之间的任何整数整除。根据此定义，可得出判断素数的方法：把 n 作为被除数，将 i＝2～(n－1)依次作为除数，判断 n 与 i 相除的结果，若都除不尽，即余数都不为 0，则 n 为素数；反之，只要有一次能除尽（余数为 0），则说明 n 存在一个 1 和它本身以外的因子，它就不是素数。事实上，用不着除那么多次，数学上可以证明，只需用 $2\sim\sqrt{n}$ 之间（取整数）的数去除 n，即可得到正确的判定结果。流程图如图 5-10 所示。

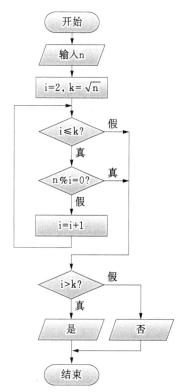

图 5-10　例 5.11 流程图

程序代码如下：

```
#include <stdio.h>
#include <math.h>
int main()
{
```

```
    int n,i,k;
    printf("Please input a nonnegative integer: ");
    scanf("%d", &n);           /* 从键盘输入一个正整数*/
    k=sqrt(n);                 /* 计算 n 的平方根*/
    for(i=2; i<=k; i++)        /* i 从 2 变到 k,依次检查 n%i 是否为 0*/
    {
        if(n%i==0) break;
                               /* 若 n%i==0 成立,则终止对其余 i 的检验*/
    }
    if(i>k) printf("Yes\n");
    else printf("No\n");
    return 0;
}
```

程序两次测试的运行结果如下:

(1) Please input a nonnegative integer: 13↵

　　Yes

(2) Please input a nonnegative integer: 8↵

　　No

程序中的 break 语句使循环体多了一个出口,因此,编程时要判断程序是从哪个出口退出循环的,幸好循环变量 i 的值中保留了可以帮助我们判断的信息,退出循环后对 i 值进行检查,如果 i>k,说明循环全部执行完毕,是正常退出循环的,其中未发现使 n%i 为 0 的 i 值,则 n 肯定为素数;如果 i<=k,则说明循环是提前结束的,即发现了使 n%i 为 0 的 i 值,是从 break 语句结束,则 n 一定不是素数。

【例 5.12】编程输出 100~200 之间所有的素数和素数的个数。

【分析】在例 5.11 的基础上,将 n 的值作为循环变量,从 100 变到 200,由于 100 和 200 为偶数,不是素数,因此,可以从 101 变到 199,步长为 2。再定义一个变量 num 对素数个数进行计数。程序代码如下:

```
# include <stdio.h>
# include <math.h>
int main()
{
    int n, i, k, num=0;
    for(n=101; n<=199; n+=2)
    {
        k=sqrt(n);                 /* 计算 n 的平方根*/
        for(i=2; i<=k; i++)        /* i 从 2 变到 k,依次检查 n%i 是否为 0*/
        {
            if(n%i==0)break;       /* 若 n%i==0 成立,则终止对其余 i 的检验*/
        }
        if(i>k)                    /* i>k 时,n 为素数,对其输出并计数*/
        {
            printf("%d\t",n);
            num++;
```

```
        }
    }
    printf("\n num=%d\n",num);
    return 0;
}
```

输出结果如图 5-11 所示。

图 5-11　例 5.12 的输出结果

说明:当 break 语句用于嵌套的循环语句中,它只能从包含它的最内层循环中跳出,并且只能跳出一层循环。break 语句的转移方向是明确的,总是转移到包含它的最内层循环的后面,如图 5-12 所示。

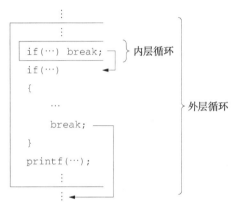

图 5-12　嵌套循环中的 break

5.5.2　continue 语句

continue 语句的一般形式为:

if(表达式) continue;

continue 语句只能用于循环体结构中,其作用是结束本次循环,即不再执行循环体中 continue 语句之后的语句,程序立即转入对循环条件的判断与执行。具体地说,对于 while 和 do-while 语句,程序会跳过循环体中 continue 语句之后的语句,而立即执行 while 后面括号中的条件表达式;对于 for 语句,程序会跳过循环体中 continue 语句之后的语句,而执行"表达式 3",再执行"表达式 2":

(1)
```
    while(表达式 1)
    {
        …
        if(表达式 2)
            continue;
        …
    }
```

(2) do
```
    {
        …
        if(表达式 1)
            continue;
        …
    }while(表达式 2)
```

(3) for(表达式 1;表达式 2;表达式 3)
```
    {
        …
        if(表达式 4)
            continue;
        …
    }
```

continue 语句和 break 语句的区别：continue 语句只结束本次循环，而不是终止整个循环的执行，而 break 语句则是结束包含它的循环，转到该循环后面的语句去执行。

【例 5.13】从键盘输入 10 个数，求其中的非负数之和。

算法 1：在 while 语句中用 continue 语句。

```
int x, n=0, s=0;
while(n<10)
{
    scanf("%d", &x);
    n++;
    if(x<0) continue;   /* 若 x 为负数,则不将其加入 s 中 */
    s+=x;
}
```

算法 2：在 do-while 语句中用 continue 语句。

```
int x, n=0, s=0;
do
{
    scanf("%d", &x);
    n++;
    if( x<0) continue;   /* 若 x 为负数,则不将其加入 s 中 */
    s+=x;
} while(n<10);
```

算法 3:在 for 语句中用 continue 语句。

```
for(n=0, s=0; n<10; n++)
{
    scanf("%d", &x);
    if(x<0) continue;   /* 若 x 为负数,则不将其加入 s 中 */
    s+=x;
}
```

5.5.3 goto 语句

goto 语句为无条件转向语句,它使程序转向标号所在的语句行执行。goto 语句的一般形式为:

goto 语句标号;

说明:

(1)语句标号用标识符表示,其命名规则与变量名相同,不能用整数作为语句标号。语句标号放在某一语句行的前面,标号后加冒号“:”。

(2)goto 语句通常与条件语句配合使用,用来实现条件转移、构成循环、跳出循环等功能。

(3)goto 语句不能跳转到本函数外,也不能从循环体外跳转到循环内。

(4)goto 语句破坏了结构化程序设计的原则,一般不主张使用,只在不得不使用时才使用。

【例 5.14】求 s＝1＋2＋3＋…＋100 的值。

程序代码如下:

```
#include <stdio.h>
int main()
{
    int s=0, i=1;
    loop: s=s+i;                /* loop 为标号 */
    i++;
    if(i<=100) goto loop;
    printf("s=%d\n", s);
    return 0;
}
```

本例中,利用 goto 语句构成了一个直到型循环,当满足“i＜＝100”时,程序回到 loop 指示的语句处继续执行。

5.6 循环结构程序设计举例

【例 5.15】用户从键盘输入任意一个整数,计算其数字的位数。

【分析】此题的算法是把输入的整数反复除以 10,直到结果变为 0 停止,除法的次数就是这个整数的位数。因为不知道需要多少次除法运算才能达到 0,所以程序中需要执行某种循环,用 while 语句还是 do-while 语句? 显然 do-while 更合适,因为每个整数,甚至是 0,

都至少有一位数字。程序代码如下:

```c
#include <stdio.h>
int main()
{
    int digits=0, n;   /* digits 为数字位数,n 为输入的整数 */
    printf("Enter a nonnegative integer:");
    scanf("%d", &n);
    do
    {   n/=10;
        digits++;
    }while(n>0);
    printf("The number has %d digit(s).\n", digits);
    return 0;
}
```

程序运行时,输出结果为:

```
Enter a nonnegative integer:60↙
The number has 2 digit(s).
```

思考:如果用相似的 while 循环替换 do-while 循环会发生什么? 当 n 初始值为 0 时,结果会一样吗?

【例 5.16】打印 Fibonacci 数列。

Fibonacci 数列为:1,1,2,3,5,8,13,21,34……它的规律是:从第 3 项开始,每一项都是其前两项之和。

【分析】根据上述规律,假设 c 为所求的项,a 为其前二项(a 的初值为 1),b 为其前一项(b 的初值为 1),则 c=a+b(从第 3 项开始)。因此,迭代公式为:

```
c= a+b;
a= b;   /* 为下一次迭代作准备 */
b=c;
```

然后通过循环不断迭代,得出所求数列。程序代码如下:

```c
#include <stdio.h>
intmain()
{
    int a,b,c,n,i;
    a=1; b=1;
    printf("Enter n:");
    scanf("%d",&n);              /* 输入数列的打印项数 */
    printf("%10d %10d",a,b);      /* 打印第 1 项和第 2 项 */

    for(i=3;i<=n;i++)            /* 求数列的第 3~n 项 */
    {
        c=a+b;                  /* 求第 i 项 */
        a=b;                    /* 为下一次迭代作准备 */
        b=c;
```

```
        printf("%10d ",c);                /* 输出第 i 项,右对齐 */
        if(i%5==0)printf("\n");        /* 每行输出 5 项 */
    }
    printf("\n");
    return 0;
}
```

程序运行时,输入:40↙

输出结果如图 5-13 所示。

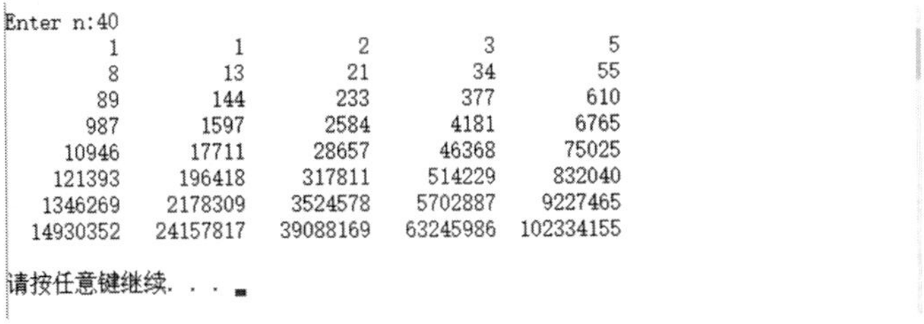

```
Enter n:40
        1         1         2         3         5
        8        13        21        34        55
       89       144       233       377       610
      987      1597      2584      4181      6765
    10946     17711     28657     46368     75025
   121393    196418    317811    514229    832040
  1346269   2178309   3524578   5702887   9227465
 14930352  24157817  39088169  63245986 102334155
请按任意键继续. . .
```

图 5-13　例 5.16 运行结果

【例 5.17】从键盘输入一个班学生(人数不确定)一门课的五分制成绩,编程统计并打印每个等级的人数。

【分析】对于这类输入数据个数不确定的问题,常常采用输入一个特殊的数作为程序判断循环结束标志的方法。例如,输入百分制成绩时,用负数作为输入结束的标志,输入五分制成绩时,则可用一个特殊的符号作为输入结束的标志。本例中采用♯作为结束标志,并用for 循环嵌套 switch 语句对成绩进行分类处理。程序如下:

```
#include <stdio.h>
int main()
{
    int a=0,b=0,c=0,d=0,e=0;          /*a,b,c,d,e 分别为五分制各等级的人数 */
    char grade;
    printf("Please enter the letter grade ended by # :\n ");
    for(;(grade=getchar())!='#';)    /* 输入一个不是# 的字符即开始循环,否则结束循环 */
    {
        switch(grade)
        {
            case 'A':
            case 'a':a++;break;
            case 'B':
            case 'b':b++;break;
            case 'C':
            case 'c':c++;break;
            case 'D':
            case 'd':d++;break;
            case 'E':
            case 'e':e++;break;
            default:printf("Invalid grade.Please enter again.\n");
```

```
        }
    }
    printf("Result:A:%d,B:%d,C:%d,D:%d,E:%d\n",a,b,c,d,e);
}
```

程序运行结果如图 5-14 所示。

```
Please enter the letter grade ended by #:
 ABCDE#
Result:A:1,B:1,C:1,D:1,E:1
请按任意键继续. . .
```

图 5-14　例 5.17 运行结果

【例 5.18】整元换零钱问题。把 1 元兑换成 1 分、2 分和 5 分的硬币,共有多少种不同换法?(每种至少一个)

【分析】本题是一个穷举法问题。穷举是一种重复型算法,也称枚举法。它的基本思想是,对问题的所有可能状态一一测试,直到找到解或者将全部可能状态都测试过为止。它也是解答计数问题的最简单、最直接的一种统计计数方法,就像小孩子想知道他的篮子里到底有多少个苹果,就一个一个地往外拿,苹果拿完了,也就数出来了,这里用的就是穷举法,也就是把集合中的元素一一列举,不重复,不遗漏,从而计算出元素的个数。

设 5 分、2 分和 1 分硬币的可能个数分别为 i,j,k 个,让 i 的取值范围为 1~19,j 的取值范围为 1~49,k 的取值范围为 1~99,然后判断 i,j,k 的每一种组合是否满足方程 $5i+2j+k=100$。如果由人来进行这样的求解过程,穷举 i,j,k 的全部可能的组合,工作量不可想象,但这一过程由计算机来完成却十分简单。穷举法是计算机程序设计中最简单、最常用的一种方法,它充分利用计算机处理速度快的特性。使用穷举法的关键是要确定正确的穷举范围,既不能过分扩大穷举的范围,也不能过分缩小穷举的范围,过分扩大会导致程序运行效率的降低,过分缩小会遗漏正确的结果而导致错误。

本题设共有 m 种换法。为了方便阅读和计数,每 10 种换法中间空一行。程序代码如下:

```
#include <stdio.h>
int main()
{
    int i,j,k,m;
    m=0;
    for(i=1;i<=19;i++)
        for(j=1;j<=49;j++)
            for(k=1;k<=99;k++)
            {   if(5*i+2*j+k==100)      /* 测试是否符合 5i+2j+k=100 的条件 */
                {   m++;
                    printf("%d\t%d\t%d\n",i,j,k);
                    if(m%10==0)printf("\n");   /* 每 10 种换法中间空一行 */
                }
            }

    printf("\n m=%d\n",m);
    return 0;
```

```
    }
```

为了提高程序的运行速度,可在循环控制条件上进行优化。实际上,在已兑换 i 个 5 分硬币的情况下,2 分硬币的可能个数 j 的取值范围应为 1～(100−i＊5)/2;而 1 分的硬币个数 k 可以通过 100−5＊i−2＊j 计算得到,当然 k＞0。设共有 m 种换法。程序代码如下:

```
# include <stdio.h>
main()
{
    int i,j,k,m;
    m=0;
    for(i=1;i<=19;i++)
        for(j=1;j<=(100- i* 5)/2;j++)
        {
            k=100-5* i-2* j;
            if(k>0)            /* 保证 1 分硬币至少有 1 个 */
            {
                printf("%d\t%d\t%d\n",i,j,k);
                m++;
                if(m%10==0)printf("\n");
            }
        }
    printf("\n m=%d\n",m);
}
```

程序运行后给出有不同换法 461 种。

【例 5.19】编写计算一个有 20 名学生的班级中每个学生的平均成绩。每个学生在这个学期的课程期间进行过 4 次考试,最后成绩按这些测验分数的平均值计算。

【分析】程序中外层循环做 20 次,每做一次外层循环,就计算一个学生的平均成绩。内层循环做 4 次,每做一次内循环输入一次考试分数,并将这个分数加到这个学生的变量 total 中,在循环结束处计算平均成绩并显示。

程序代码如下:

```
# include <stdio.h>
# define  NS  20              /* 学生人数 */
# define  NG  4               /* 考试次数 */
int main()
{
    int i,j;
    float score,total,average;      /* 定义考试分数、4 次总分、平均成绩变量 */

    for(i=1; i<=NS; i++)            /* 开始外层循环 */
    {
        total=0;                    /*total 变量清零 */
        for(j=1; j<=NG; j++)        /* 开始内层循环 */
        {
```

```
        printf("Enter a score:");   /* 提示输入该学生的一次考试分数 */
        scanf("%f",&score);
        total=total+score;          /* 将输入的分数加入 total */
    }                               /* 内层循环结束 */

    average=total/NG;               /* 计算平均值 */
    printf("The average for student %d is %f \n\n",i,average);
    }                                   /* 外层循环结束 */
    return 0;
}
```

观察本例程序,要特别注意"total=0;"语句的位置。这个语句在外层循环内但在内层循环之前,变量 total 被初始化 20 次,每个学生一次。还注意到下面两条语句:

```
average=total/NG;               /* 计算平均值 */
printf("The average for student %d is %f \n\n",i,average);
```

平均值是在内循环完成之后立即计算并显示的,因为这两条语句也包含在外层循环内,20 个平均值被计算和显示。

5.7 常见错误及改正方法

本章中常见的错误及改正方法如下:

(1)在 while 语句条件表达式的圆括号外之后写上了一个分号,这将引起死循环。

如:

```
int i=1,sum=0;
while (i<=100);  /* 分号成了循环体,与本意不符 */
{
    sum=sum+i;
    i++;
}
```

(2)在界定 while,do-while 和 for 语句后的复合语句时,忘记了一个或两个花括号。

如:

```
int i=1,sum=0;
while (i<=100)
{
    sum=sum+i;
    i++;
    /* 花括号左右个数不等 */
```

(3)在 while 语句的循环体中,没有能够将条件改变为假的操作,导致死循环。

如:

```
int i=1,sum=0;
while (i<=100)
{
    sum=sum+i;
```

```
}
```

这将使 i 的值恒为 1,while 语句的条件恒为真,导致死循环。

(4)循环开始前,未将计数器和累加求和的变量初始化,导致运行结果错误。

如:

```
int i,sum;        /* 变量未初始化*/
while (i<=100)
{
    sum=sum+i;
    i++;
}
```

这将导致运行结果为不确定值。

(5)在 for 语句的圆括号中的三个表达式未用分号分隔,而用逗号分隔,这将引起语法错误。

如:

```
for(i=1,i<=100,i++)
    sum+=i;
```

这将出现一个语法错误,"error C2143: syntax error : missing ";" before ")""。

习　　题　　5

一、选择题

1. 以下叙述中正确的是(　　　　)。

A break 语句只能用于 switch 语句体中

B continue 语句的作用是:使程序的执行流程跳出包含它的所有循环

C break 语句只能用在循环体内和 switch 语句体内

D 在循环体内使用 break 语句和 continue 语句的作用相同

2. 有以下程序

```
#include <stdio.h>
main()
{    int k=5,n=0;
    do
    {    switch(k)
        {   case 1:    case 3:n+=1; break;
            default:n=0;k--;
            case 2:   case 4:n+=2;k--; break;
        }
        printf("%d",n);
    }while(k>0&&n<5);
}
```

程序运行后的输出结果是(　　　)。

A 2345　　　　　　　　B 0235　　　　　　　C 02356　　　　　　D 2356

3. 有以下程序

```c
#include <stdio.h>
main()
{    int k=5;
     while(--k)printf("%d", k-=3);
     printf("\n");
}
```

执行后的输出结果是（   ）。

A 1   B 2   C 4   D 死循环

4. 有以下程序

```c
#include <stdio.h>
main()
{    int i;
     for(i=1; i<40; i++)
     {    if(i++%5==0)
          if(++i% 8==0)printf("%d",i);
     }
     printf("\n");
}
```

执行后的输出结果是（   ）。

A 51   B 24   C 32   D 40

5. 有以下程序

```c
#include <stdio.h>
main()
{    int i,j,x=0;
     for(i=0; i<2; i++)
     {    x++;
          for(j=0; j<=3; j++)
          {    if(j%2)continue;
               x++;
          }
          x++;
     }
     printf("x=%d\n",x);
}
```

执行后的输出结果是（   ）。

A x=4   B x=8   C x=6   D x=12

6. 有以下程序

```c
#include <stdio.h>
main()
{    int i,j,m=55;
     for(i=1;i<=3;i++)
          for(j=3;j<=i;j++)m=m% j;
```

```
       printf("%d\n",m);
   }
```
程序的运行结果是(　　　　)。

A 0　　　　　　　　　　B 1　　　　　　　　C 2　　　　　　　D 3

二、写出下列程序的运行结果

1.
```
# include <stdio.h>
main()
{   char c;
    while((c=getchar())!='$ ')
        putchar(c);
    printf("End! \n");
}
```
运行时若从键盘输入：abcdefg $ abcdefg ↙

2.
```
# include <stdio.h>
int main()
{
    int s=0,k;
    for(k=7;k>4;k--)
    {   switch(k)
        {
            case 1:
            case 4:
            case 7:s++;break;
            case 2:
            case 3:
            case 6:break;
            case 0:
            case 5:s+=2;break;
        }
    }
    printf("s=%d",s);
    return 0;
}
```

3.
```
# include <stdio.h>
void main()
{   int  i,j;
    for(i=0;i<3;i++)
    {   for(j=4;j>=0;j--)
        {   if((j+i)%2)
```

```
        {    j--;
            printf("%d,",j);
            continue;
        }
        j--;
        printf("%d,",j);
    }
  }
}
```

三、程序填空(阅读程序,在程序空白处填上适当的表达式或语句,使程序完整)

1. 以下程序的功能是:将输入的正整数按逆序输出。例如:若输入 135 则输出 531。请填空。

```
#include <stdio.h>
main()
{    int n,s;
    printf("Enter a number:");   scanf("%d",&n);
    printf("Output:");
    do
    {    s=n%10;  printf("%d", s);  【1】      ;
    }while(n!=0);
    printf("\n");
}
```

2. 以下程序的功能是:输出 100 以内(不含 100)能被 3 整除且个位数为 6 的所有整数,请填空。

```
#include <stdio.h>
main()
{    int i,j;
    for(i=0;  【1】     ; i++)
    {    j=i*10+6;
        if(【2】     )continue;
        printf("%d  ",j);
    }
}
```

3. 以下程序的功能是计算:s=1+12+123+1234+12345。请填空。

```
#include <stdio.h>
main()
{    int t=0,s=0,i;
    for(i=1; i<=5; i++)
    {    t=i+ 【1】    ; s=s+t; }
     printf("s=%d\n", s);
}
```

四、编程题

1. 编写程序用来确定一个数的位数:

   Enter a number: 567

   The number 567 has 3 digits

   假设输入的数最多不超过四位。

2. 编写程序,要求从用户输入的一串数中找出最大数,当输入 0 或负数时输出找到的最大非负数。注意,输入的数不要求一定是整数。

3. 编写程序,用户输入一个分数,要求将其约分,输出最简分式。例如:输入 3/12,输出 1/4。提示:为了把分式化简为最简分式,首先求分子和分母的最大公约数,然后分子和分母分别除以最大公约数。

4. 编程计算 $2+4+6+8+\cdots+100$ 的值。

5. 编程计算 $1*2*3*\cdots*10$ 的值。

6. 利用泰勒级数 $e=1+\dfrac{1}{1!}+\dfrac{1}{2!}+\dfrac{1}{3!}+\cdots+\dfrac{1}{n!}$,计算 e 的近似值。精度要求最后一项的绝对值小于 10^{-5}。

7. 利用泰勒级数 $\sin x = x - \dfrac{x^3}{3!} + \dfrac{x^5}{5!} - \dfrac{x^7}{7!} + \cdots$,计算 $\sin x$ 的值。精度要求最后一项的绝对值小于 10^{-5},并统计出此时累加的项数。

8. 打印所有的水仙花数。所谓水仙花数是指一个三位的整数,其各位数字的立方和等于该数本身。例如:153 是水仙花数,因为 $153=1^3+5^3+3^3$。

9. 打印码值为 33~127 的 ASCII 码值、字符对照表。

10. 打印如下图案。

11. 打印形状为直角三角形的九九乘法表。

12. 递增的牛群:若一头小母牛,从第 4 年开始每年生一头小母牛。按此规律,第 n 年时有多少头母牛?

13. 百马百担问题:有 100 匹马,驮 100 担货,大马驮 3 担,中马驮 2 担,两匹小马驮 1 担,问有大、中、小马各多少?

14. 有钱 30 元,要买金鱼 25 条。市场上的金鱼主要有三个品种,价格分别为:红狮头每条 0.9 元,黑骑士每条 1.2 元,白金刚每条 1.6 元。如果每一个品种都至少购买一条,要买足 25 条金鱼,且正好用完 30 元。试编写程序求出可行的购买金鱼的方案。

第6章 函　数

内容提要

(1)知识点:用户函数的定义方法,函数的类型和返回值,形式参数与实际参数,参数值的传递,函数的正确调用,嵌套调用,递归调用,局部变量和全局变量,变量的存储类别(自动,静态,寄存器,外部),变量的作用域和生存期。

(2)难点:函数参数传递与返回值,变量的作用域与存储类型,模块化原则。

6.1　功能模块与函数

当我们遇到一个复杂的问题,很难一下子写出层次分明、结构清晰、算法正确的程序,常采用模块化程序设计方法,将问题分解,降低问题的复杂程度。

模块化程序设计方法的基本思路:把复杂问题的求解过程分阶段进行,每个阶段处理的问题都控制在人们容易理解和处理的范围内,将一个大的程序按功能分割成一些小的相对独立的功能模块。具体来说就是先进行整体规划,提出笼统而抽象的任务,然后自顶向下,逐步细化到由三种基本控制结构语句描述的(明确、有限)步骤为止。

模块化程序设计方法的优点:用这种方法便于验证算法的正确性,在向下一层展开之前应仔细检查本层设计是否正确,只有上一层是正确的才能向下细化。如果每一层设计都没有问题,则整个算法就是正确的。由于每一层向下细化时都不太复杂,因此容易保证整个算法的正确性。检查时也是由上而下逐层检查,这样做,思路清楚,有条不紊地一步一步进行,既严谨又方便。由于程序具有良好的结构,易于设计和维护,减少软件成本,在修改程序时,可以将某一基本结构孤立出来进行修改,在修改一个基本结构时,不会影响到其他基本结构中的语句。

模块化程序设计的质量标准:清晰第一(具有良好的结构,容易阅读和理解),效率第二(时空效率)。

函数是具有特定功能、相对独立的程序段,通过参数的传递完成数据输入,通过返回语句完成数据输出。函数的优点:接口简单(一个输入口,一个输出口),相对独立、功能单一、结构清晰;控制了程序设计的复杂性;提高元件的可靠性;缩短开发周期;避免程序开发的重复劳动;易于维护和功能扩充。

模块化程序设计方法就是将复杂的问题分割成功能模块,再一个一个地抽象成函数,C语言是面向过程的模块化语言,以函数(具有某种特定功能相对独立的程序模块)作为程序的模块单位,实现程序模块化,又称函数式的语言。C的源程序是由一个主函数和若干个函数组成的,函数的相互调用构成了 C 程序。运行时,程序从主函数 main( )开始执行,到main( )的终止行结束。其他函数由 main()或别的函数或自身调用后组成可执行程序。

C程序结构可用图 6-1 表示。

一个 C 程序可以由若干个源程序文件(分别编译的文件模块)组成;一个源文件可以由若干个函数和预编译命令组成;一个函数由数据定义部分和执行语句组成。C 程序的编译

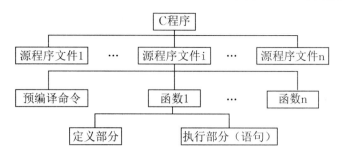

图 6-1　C 程序结构图

过程是以源程序文件为单位的;每个源程序文件单独编译后将它们各自的目标程序连同标准函数库中的函数链接在一起,形成可执行文件。这种分别编译的优点是:当一个文件中的代码被修改后,不必对所有程序重新编译,从而节省了程序的编译时间;同时,它还使程序更易于维护,给多个程序员共同编制一个大型项目的代码提供了方便。

通过例 6.1,我们来简单了解 C 程序的构成和函数的相关知识。

【例 6.1】编写一个具有两个参数的函数 max,比较这两个参数的大小,并把大的一个作为函数的返回值。

```
 1:  main()
 2:  {
 3:      int a, b, x;
 4:      a = 2;     b = 3;
 5:      x = max(a, b);
 6:      printf ("x = % d", x);
 7:  }
 8:  int  max (int  m1, int  m2)
 9:  {
10:      int x;
11:      if ( m1>m2 )
12:          x = m1;
13:      else
14:          x = m2;
15:      return(x);
16:  }
```

运行结果如下:

    x = 3

该函数中,第 8 行是函数的首部(包括函数名及类型、参数名及类型);第 10 行是函数体{ }内使用的变量 x 的说明语句;第 5 行是赋值语句,把 max() 参数中的大者赋值给变量 x;第 15 行是为返回到调用该函数的场所的 return 语句。

说明:

(1)一个源程序文件由一个或多个函数组成;一个源程序文件是一个编译单位,即以源文件为单位进行编译,而不是以函数为单位进行编译。

(2)一个 C 程序由一个或多个源程序文件组成;一个源文件可以为多个 C 程序公用。

(3)一个 C 程序有且只能有一个名为 main 的主函数,程序的执行从 main 函数开始,调用其他函数后流程回到 main 函数,在 main 函数中结束整个程序的运行;main 函数是系统定义的。

(4)所有函数都是平等的,即在定义函数时互相独立的;一个函数并不从属于另一个函数,即函数不能嵌套定义,但可以互相调用;main 函数是唯一不能被别的函数调用的函数。

(5)从用户使用的角度看,函数有两种:标准函数(库函数)和用户自定义函数。

标准函数是由系统提供的,使用时应注意:函数功能;函数参数的数目和顺序以及各参数意义和类型;函数返回值意义和类型;需要使用的包含文件。

用户自定义函数,为解决用户的专门需要所编写的函数。所谓编程实质就是编写自定义功能函数,通过各函数的相互调用实现算法,甚至可以考虑把相关的函数集合到一起,形成自己的函数库,并加以相应的头文件,实现商业化。

(6)从函数的形式看,函数分两类:无参函数和有参函数。

无参函数:调用时,主调函数无数据传送给被调函数。

有参函数:调用时,主调函数与被调函数之间有参数传递。

(7)函数调用完成后,通过 return 语句返回函数值;若无该语句将返回不确定值;若函数类型定义为 void(空)类型,该函数将没有返回值。

6.2　函数的定义与调用

6.2.1　函数的定义

C 语言要求,在程序中用到的所有函数,必须"先定义,后使用"。例如想用 max 函数去求两个数中的大者,必须事先按规范对它进行定义,指定它的名字、函数返回值类型、函数实现的功能以及参数的个数与类型,将这些信息通知编译系统。这样,在程序执行 max 时,编译系统就会按照定义时所指定的功能执行。

定义函数应包括以下几个内容:

(1)指定函数的名字,以便以后按名调用。

(2)指定函数的类型,即函数返回值的类型。

(3)指定函数的参数的名字和类型,以便在调用函数时向它们传递数据。对无参函数不需要这项。

(4)指定函数应当完成什么操作,也就是函数是做什么的,即函数的功能。在函数体中通过控制语句加以解决。

1.定义有参函数

定义有参函数的一般形式:

函数类型名　函数名(类型名 1　形式参数 1,类型名 2　形式参 2,……)

{

**　　说明部分**

**　　语句部分**

}

例:

```
int max(int x,int y)
```

```
{    int z;
     z=x>y?x:y;
     return(z);
}
```

说明:函数由函数首部和函数体组成;函数首部由定义函数的类型、名称、参数和参数类型组成;函数体包含在一对花括号中,由函数的说明语句(例如需用的变量说明,调用函数的原型声明)和控制语句(用于描述算法流程)组成。

注意:

(1)所定义的函数名应符合命名规则,唯一且独有,不得与同一程序中其他函数同名。

(2)圆括号中的形参需指出类型和名字,在同一函数内形式参数名必须唯一。

(3)函数的类型即函数返回值的类型,如不需要返回值,应定义为 void 型;如果不定义函数类型,则系统隐含为 int 型。

(4)函数体由变量定义和语句组成,也可以不定义变量。

(5)函数不能嵌套定义,即在一个函数的函数体内不允许定义另外的函数。

2.定义无参函数

定义无参函数的一般形式:

类型标识符　　函数名( )

{　　　说明部分

**　　　语句**

}

例:`void  printstar()`

　　`{  printf("**********\n");  }`

说明:函数名后面的括号中是空的,没有任何参数;在定义函数时要用“类型标识符”(即类型名)指定函数值的类型,即指定函数带回来的值的类型;若函数为 void 类型,表示没有函数值。

3.定义空函数

类型标识符　　函数名( )

**　　　{　　}**

例:`void  dummy ()`

　　　`{  }`

说明:调用这种函数时,什么工作也不做,没有任何实际作用,但它合法;使用它的目的仅仅是为了“占位”,就是说,它在程序中占据一席之地,调用者按正常方式对它调用,但不起任何实际作用,等到以后需要扩充函数功能时或相应函数调试完成后再补上具体的内容;利用空函数在程序中占位,对于较大程序的编写、调试及功能扩充往往是有用的。

6.2.2　函数的声明

在一个函数中调用另一个函数,对被调用函数要求:

(1)必须是已存在的函数。

(2)必须事先声明才能调用。

1.若是用户自定义函数必须先对函数原型声明后才能调用

函数原型声明的一般形式:

函数类型　　　函数名(形参类型 1 ［形参名 1],形参类型 2 ［形参名 1],……);

注意:［］里面的内容为可选项。

说明:

(1)函数声明的作用:告诉编译系统函数类型、参数个数及类型,以便检验。

(2)函数声明的位置:程序的数据说明部分(函数内或外)。

(3)下列情况下,可不作函数声明:若函数返值是 char 或 int 型,系统自动按 int 型处理;被调用函数定义出现在主调函数之前。

(4)有些系统(如 Visual C++)要求函数声明指出函数返回值类型和形参类型,并且对 void 和 int 型函数也要进行函数声明。

(5)函数定义与函数声明不同,定义是指对函数功能的确立,从无到有对函数进行规划,而声明是对已经存在的函数进行说明并通知给编译系统,便于编译工作顺利完成。

【例 6.2】函数声明举例。

```
main()
{    float add(float,float);   /* function declaration*/
     float a,b,c;
     scanf("%f,%f",&a,&b);
     c=add(a,b);
     printf("sum is %f",c);
}
float add(float x, float y)
{    float z;
     z=x+y;
     return(z);
}
```

运行结果如下:

```
6,8
sum is 14.000000
```

从程序可以看到:main 函数的位置在 add 函数的前面,而程序进行编译时是从上到下逐行进行的,如果没有对函数 add 的声明,当编译到程序第 7 行时,编译系统无法确定 add 是不是函数名,也无法判断实参(a 和 b)的类型和个数是否正确,因而无法进行正确性的检查。如果不作检查,在运行时才发现实参与形参的类型或个数不一致,出现运行错误。但是在运行阶段发现错误并重新调试程序,是比较麻烦的,工作量也较大。应当在编译阶段尽可能多地发现错误,随之纠正错误。

现在,在函数调用之前对 add 作了函数声明,因此编译系统记下了 add 函数的有关信息,在对"c=add(a,b);"进行编译时就"有章可循"了。编译系统根据 add 函数的声明对调用 add 函数的合法性进行全面的检查,如果发现函数调用与函数声明不匹配,就会发出出错信息,它属于语法错误,用户根据屏幕显示的出错信息很容易发现和纠正错误。

我们可以发现函数的声明和函数定义中的第 1 行(函数首部)基本上是相同的,只差一个分号(函数声明比函数定义中的首行多一个分号)。因此写函数声明时,可以简单地照已定义的函数的首行,再加一个分号,就成了函数的"声明"。函数的首行(即函数首部)称为函数原型(function prototype)。用函数的首部来作为函数声明便于对函数调用的合法性进行检查。因为在函数的首部包含了检查调用函数是否合法的基本信息(它包括了函数名、函数值类型、参数个数、参数类型和参数顺序),在检查函数调用时要求函数名、函数类型、参数个数和参数顺序必须与函数声明一致,实参类型必须与函数声明中的形参类型相同(或赋值兼容,如实型数据可以传递给整型形参,按赋值规则进行类型转换),否则就按出错处理,这样就能保证函数的正确调用。

编译系统只关心和检查参数个数和参数类型,而不检查参数名,因为在调用函数时只要求保证实参类型与形参类型一致,而不必考虑形参名是什么。因此在函数声明中,形参名写不写、形参名是什么都无所谓。

2. 若是库函数必须先包含对应的头文件后才能调用,详见本章 6.5.1

例:#include <math.h>

说明:当需要调用数学库函数时,在调用语句前用上述预处理命令将数学库函数的头文件 math.h 包含到源程序中,一般在源程序开始部分加入该命令。

6.2.3 函数的调用

1. 调用形式: 函数名(实参表);

按函数调用在程序中的形式和位置来分,可以有以下 3 种函数调用方式。

(1)函数语句:

```
printstar();
printf("Hello,World! \n");
```

(2)函数表达式:

```
m=max(a,b)* 2;
```

(3)函数参数:

```
printf("%d",max(a,b));
m=max(a,max(b,c));
```

说明:

(1)实参与形参个数相等,类型一致,按顺序一一对应。

(2)实参表求值顺序,因系统而定。

【例 6.3】参数求值顺序。

```
int f(int a, int b)
{    int c;
     if(a>b)   c=1;
     else if(a==b)   c=0;
     else c=-1;
     return(c);
}
main()
{    int i=2,p;
     p= f(i, i++);
     printf("%d",p);
}
```

运行结果：

　　1

2.函数的参数

(1)形式参数:定义函数时函数名后面括号中的变量名。

(2)实际参数:调用函数时函数名后面括号中的表达式。

【例 6.4】比较两个数并输出大者(调用过程见图 6-2)。

```
main()
{    int a,b,c;
     scanf("%d,%d",&a,&b);
     c=max(a,b);
     printf("Max is %d",c);
}
max(int x, int y)
{    int z;
     z=x>y?x:y;
     return(z);    }
```

运行结果:

　　5,7

　　Max is 7

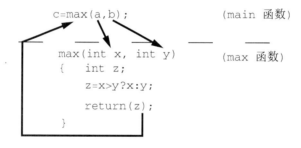

图 6-2　调用过程

说明:main 函数中调用 max 函数,变量 x 和 y 是形参,变量 a 和 b 是实参。实参必须有确定的值;形参必须指定类型;形参与实参类型一致,个数相同;若形参与实参类型不一致,自动按形参类型转换——函数调用转换;形参在函数被调用前不占内存;函数调用时为形参分配内存;函数调用结束,给形参分配的内存释放。

6.2.4　参数的传递

1.函数参数的传递方式

(1)值传递方式。

说明:函数调用时,为形参分配单元,并将实参的值复制到形参中;调用结束,形参单元被释放,实参单元仍保留并维持原值;形参与实参占用不同的内存单元;实参将值传给形参,形参的值发生变化不会影响实参的值,这种传递是单向的。

【例 6.5】交换两个数(值传递方式)。

```
#include <stdio.h>
main()
```

```
{    int x=7,y=11;
     printf("x=%d,\ty=%d\n",x,y);
     printf("swapped:\n");
     swap(x,y);
     printf("x=%d,\ty=%d\n",x,y);
}
swap(int a,int b)
{    int temp;
     temp=a; a=b; b=temp;
}
```

输出：

```
     x=7,   y=11
     swapped:
     x=7,   y=11
```

（2）地址传递方式。

说明：函数调用时，将数据的存储地址作为参数传递给形参；形参与实参占用同样的存储单元；传递的是特殊值——地址，改变的是地址代表空间的值。该部分内容将在数组和指针章节里详细介绍。

2. 函数的返回值

函数的返回语句形式有三种：

（1）return（表达式）；

（2）return 表达式；

（3）return；

功能：使程序控制从被调用函数返回到调用函数中，同时把返回值带给调用函数。

说明：函数中可有多个 return 语句；若无 return 语句，遇 } 时，自动返回调用函数；若函数类型与 return 语句中表达式值的类型不一致，按前者为准，自动转换——函数调用转换。

【例 6.6】函数返回值类型转换。

```
main()
{    float a,b;
     int c;
     scanf("%f,%f",&a,&b);
     c=max(a,b);
     printf("Max is %d\n",c);
}
max(float x, float y)
{    float z;
     z=x>y?x:y;
     return(z);
}
```

输入：

```
     5.6,7.3
```

输出：

```
    Max is 7
```
说明:当函数返回值类型与函数的类型不一致的时候,按函数的类型转换。

【例 6.7】函数带回不确定值。

```
printstar()
{    printf("**********");
}
main()
{    int a;
     a=printstar();
     printf("%d",a);
}
```

输出:

```
    **********10
```

【例 6.8】void 型函数无返回值。

```
void  printstar()
{    printf("**********");
}
main()
{    int a;
     a=printstar();
     printf("%d",a);
}
```

输出:

```
编译错误!
```

6.3　函数的嵌套调用与递归调用

6.3.1　函数的嵌套调用

C 语言规定:函数定义不可嵌套,但可以嵌套调用函数,即在调用一个函数的过程中,又调用另一个函数。

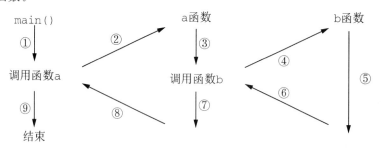

图 6-3　嵌套调用

调用过程:①执行 main 函数的开头部分;②遇函数调用语句,调用函数 a,流程转去 a函数;③执行 a 函数的开头部分;④遇函数调用语句,调用函数 b,流程转去函数 b;⑤执行 b

函数,如果再无其他嵌套的函数,则完成 b 函数的全部操作;⑥返回到 a 函数中调用 b 函数的位置;⑦继续执行 a 函数中尚未执行的部分,直到 a 函数结束;⑧返回 main 函数中调用 a 函数的位置;⑨继续执行 main 函数的剩余部分直到结束。

【例 6.9】求三个数中最大数和最小数的差值。

```
# include <stdio.h>
int dif(int x,int y,int z);
int max(int x,int y,int z);
int min(int x,int y,int z);
void main()
{    int a,b,c,d;
     scanf("%d%d%d",&a,&b,&c);
     d=dif(a,b,c);
     printf("Max- Min=%d\n",d);
}
int dif(int x,int y,int z)
{    return max(x,y,z)-min(x,y,z); }
int max(int x,int y,int z)
{    int r;
     r=x>y? x:y;
     return(r>z? r:z);
}
int min(int x,int y,int z)
{    int r;
     r=x<y? x:y;
     return(r<z? r:z); }
```

运行结果:

```
3 1 5
Max-Min=4
```

函数的嵌套调用如图 6-4 所示。

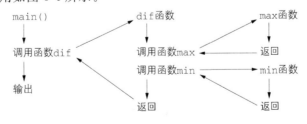

图 6-4　例 6.9 函数嵌套调用过程

【例 6.10】求大于 200 的最小的一个自然数,该数既是素数,又是回文数。

算法:定义一个自定义函数 sushu 判断素数,定义一个自定义函数 hws 判断回文数,从 main 函数调用 sushu 与 hws。

```
int   sushu(long n)
{    long i;
     for(i=2;i<=n-1;i++)
```

```
            if(n%i==0)return 0;
            return 1;
    }
    int hws(long n)
    {   long x=n,t=0,i;
        while(x>0)
        {   i=x%10;
            t=t*10+i;
            x=x/10;
        }
        if(t==n)return 1;
        else return 0;
    }
    main()
    {   long i;
        int sushu(long n);
        int hws(long n);
        for(i=201; ;i++)
        if(sushu(i)&&hws(i))
        break;
        printf("\n% ld",i);
    }
```

运行结果:

```
    313
```

6.3.2　函数的递归调用

在调用一个函数的过程中出现直接或间接调用该函数本身,叫函数的递归调用。
函数的递归调用如图 6-5 所示。

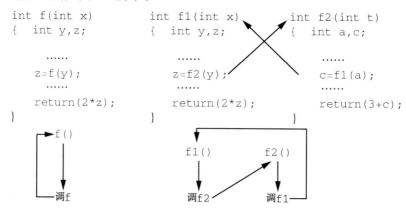

图 6-5　函数的递归调用

说明:C 编译系统对递归函数的自调用次数没有限制,所以调用时必须通过形参的变化,达到递归中止条件,使递归调用结束。递归过程可以分为"回溯"和"递推"两个阶段,通过"回溯"达到递归中止条件,再通过"递推",推出结果。由于每调用函数一次,在内存堆栈区分配空间,用于存放函数变量、返回值等信息,所以递归次数过多,可能引起堆栈溢出。

【例 6.11】求 n 的阶乘。

$$n! = \begin{cases} 1, & (n=0,1), \\ n \cdot (n-1)!, & (n>1). \end{cases}$$

```c
#include <stdio.h>
int fac(int n)
{    int f;
     if(n<0)   printf("n<0,data error!");
     else if(n==0||n==1)   f=1;
     else f=fac(n-1)* n;
     return(f);
}
main()
{    int n, y;
     printf("Input a integer number:");
     scanf("%d",&n);
     y= fac(n);
     printf("%d! =%15d",n,y);
}
```

运行结果:

```
Input a integer number:6
6! =                720
```

程序分析:调用递归函数 fac(5)的过程见图 6-6。请注意每次调用 fac 函数后,其返回值 f 返回到哪里,应返回到调用 fac 函数处,例如当 n=2 时,从函数体中可以看到"f=fac(1) * 2",再调用 fac(1),返回值为 1。这个 1 就取代了"f=fac(1) * 2"中的 fac(1),从而 f=1 * 2=2。其余类似。递归终止条件为 n=0 或 n=1。

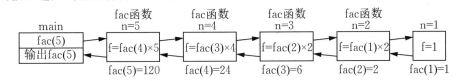

图 6-6　调用递归函数 fac(5)的过程

【例 6.12】在印度传说中,佛祖在一个庙里留下了三根金刚石的棒,第一根上面套着 64 个圆的金片,最大的一个在底下,其余一个比一个小,依次叠上去,庙里的众僧不倦地把它们一个个地从这根棒搬到另一根棒上,规定可利用中间的一根棒作为帮助,但每次只能搬一个,而且大的不能放在小的上面。计算结果(移动圆片的次数)为 18446744073709551615,众僧们即便是耗尽毕生精力也不可能完成金片的移动了。根据这个传说归纳为 Hanoi 问题:有 n 个大小不等的盘子,大的在下,小的在上,按照规则从 A 座借助 B 座移到 C 座,规则:①一次只能移动一个;②大的不能放在小的上面;③只能在三个位置中移动,要求给出移动的步骤。

算法分析:对于把 n 个盘子从 A 座移到 C 座的问题可以分解成如下步骤:①将 n-1 个盘子从 A 经过 C 移动到 B;②将第 n 个盘子移动到 C;③再将 n-1 个盘子从 B 经过 A 移动

到 C。这样我们就将移动 n 个盘子的问题变成了移动 n−1 个盘子的问题。这样做下去的话最后就会变成移动一个盘子的问题。如图 6-7 所示。

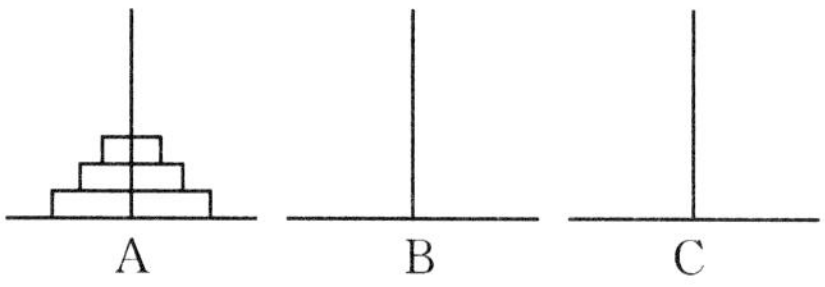

程序代码：

```
void move(char getone, char putone)
{    printf("%c--->%c\n",getone,putone); }
void hanoi(int n,char one,char two,char three)
{    if(n==1)   move(one,three);
     else
     {    hanoi(n-1,one,three,two);
          move(one,three);
          hanoi(n-1,two,one,three);
     }
}
main()
{    int m;
     printf("Input the number of disks:");
     scanf("%d",&m);
     printf("The steps to moving %3d disks:\n",m);
     hanoi(m,'A','B','C');
}
```

图 6-7　汉诺塔

运行情况如下：

```
Input the number of disks:3
The steps to moving 3 disks:
A--->C
A--->B
C--->B
A--->C
B--->A
B--->C
A--->C
```

程序分析：在本程序中，调用递归函数 hanoi，其终止条件为 hanoi 函数的参数 n 的值等于 1。显然，此时不必再调用 hanoi 函数了，直接执行 move 函数即可。在本程序中 move 函数并未真正移动盘子，而只是输出移盘的方案(从哪一个座移到哪一个座)。可以看到，将 3 个盘子从 A 座移到 C 座需要移盘 7 次，如果将 64 个盘子从 A 座移到 C 座需要移动(2^{64}−1)次，假设和尚每次移动 1 个盘子用 1 秒钟，则移动(2^{64}−1)次需要(2^{64}−1)秒，大约相当于 600 亿年。

6.4　变量的作用域与存储类型

6.4.1　变量的作用域

在学习本章之前见到的程序大多数是一个程序只包含一个 main 函数，变量是在函数开头处定义的。这些变量在本函数范围内有效,即在本函数开头定义的变量,在本函数中可以被引用。在本章中见到的一些程序,包含两个或多个函数,分别在各函数中定义变量。我们自然会提出一个问题:在一个函数中定义的变量,在其他函数中能否被引用? 在不同位置定义的变量,在什么范围内有效? 这就是变量的作用域问题。

变量是对程序中数据的存储空间的抽象,必须先定义后使用,定义后其作用范围是受约束的,变量的有效使用范围就是作用域,其规则是:每个变量仅在定义它的语句块(包含下级语句块)内有效,如图 6-8 所示。

```
float f1(int a)
{  int b,c;                  }  a,b,c有效
     ...
}

char f2(int x,int y)
{  int i,j;                  }  x,y,i,j有效
     ...
}

main()
{  int m,n;                  }  m,n有效
     ...
}
```

图 6-8　变量的作用域

【例 6.13】变量的作用域。

```
main()
{    int a,b;
     a=3;
     b=4;
     printf("main:a=%d,b=%d\n",a,b);
     sub();
     printf("main:a=%d,b=%d\n",a,b);
}
sub()
{    int a,b;
     a= 6;
     b=7;
     printf("sub:a=%d,b=%d\n",a,b);
}
```

运行结果:

```
main:a=3,b=4
  sub:a=6,b=7
main:a=3,b=4
```

说明:main 中定义的变量只在 main 中有效;不同函数中同名变量,属于不同的变量,占

不同内存单元;形参属于局部变量;可定义在复合语句中有效的变量,上级语句块定义的变量对下级语句块有效(除非下级语句块定义了同名变量,将屏蔽上级语句块定义的变量)。

```
int p=1,q=5;
float f1(int a)
{
    int b,c;
    ...
}
int f3()
{
    ...
}
char c1,c2;
char f2(int x,int y)
{
    int i,j;
    ...
}
main()
{
    int m,n;
    ...
}
```

p,q的作用范围

c1,c2的作用范围

图 6-9　变量的作用范围

如果把整个程序看做一个大语句块,按照变量作用域规则,在与 main()平行的位置即不在任何语句块内定义的变量在程序的所有位置均有效,如图 6-9 中 p,q,c1,c2。这就是全局(外部)变量。相对而言,在其他语句块内定义的变量被称为局部变量,如图 6-9 中的 a,b,c,x,y,i,j,m,n。

全局变量从程序运行起即占据内存,在程序整个运行过程中可随时访问,程序退出时释放内存;与之对应的局部变量在进入语句块时获得内存,仅能由语句块内的语句访问,退出语句块时释放内存,不再有效。

局部变量在定义时不会自动初始化,除非程序员指定初值;全局变量在程序员不指定初值的情况下自动初始化为零。

6.4.2　变量的存储类型

变量的属性包括:

(1)操作属性:变量所持有的数据的性质,又称数据类型;

(2)存储属性:数据在内存中的存储方式,又称存储类型。

变量定义格式:**[存储类型]　　数据类型　　变量表;**

变量除作用范围受约束外,变量值存在的时间也受约束,变量不一定在程序执行过程中始终存在,即变量有生存期,按变量的生存期来分类,变量可分为静态存储方式和动态存储方式。所谓静态存储方式是指在程序运行期间分配固定的存储空间的方式;动态存储方式则是在程序运行期间根据需要进行动态的分配存储空间的方式。

内存中留给用户使用的存储空间分为三部分：

(1)程序区；

(2)静态存储区；

(3)动态存储区。

数据分别存放在静态存储区和动态存储区中。存放在静态存储区中的数据,在程序执行过程中它们占据固定的存储单元,程序执行完毕就释放。存放在动态存储区的数据在函数调用开始时分配动态存储空间,函数结束时释放这些空间。

变量的存储类型具体包括：

(1) auto----- 自动型；

(2)register----- 寄存器型；

(3)static----- 静态型；

(4)extern----- 外部型。

说明：局部变量默认为 auto 型；register 型变量个数受限,且不能为 long, double, float 型；局部 static 变量具有全局寿命和局部可见性,局部 static 变量具有可继承性；extern 不是变量定义,可扩展外部变量作用域。

表 6-1 变量存储类型表

存储类别	局部变量			外部变量	
	auto	register	局部 static	外部 static	外部
存储方式	动态			静态	
存储区	动态区	寄存区		静态存储区	
生存区	函数调用开始至结束			程序整个运行期间	
作用域	定义变量的函数或符合语句内			本文件	其他文件
赋初值	每次函数调用时			编译时赋初值,只赋值一次	
未赋初值	不确定			自动赋初值 0 或空字符	

【例 6.14】auto 变量的作用域。

```
main()
{    int x=1;
     void  prt(void);

     {    int x=3;
          prt();
          printf("2nd x=%d\n",x);
     }
     printf("1st x=%d\n",x);
}
void  prt(void)
{    int x=5;
     printf("3th  x=%d\n",x);
}
```

运行结果:

```
3th   x=5
2nd x=3
1st x=1
```

```
int a;
main()
{
    ...
    f2;
    ...
    f1;
    ...
}
f1()
{
    auto int b;
    ...
    f2;
    ...
}
f2()
{
    static int c;
    ...
}
```

a的作用域

b的作用域

c的作用域

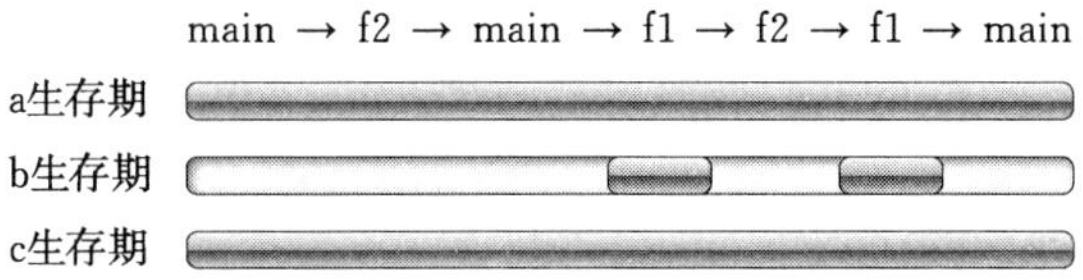

main → f2 → main → f1 → f2 → f1 → main

a生存期

b生存期

c生存期

图 6-10   变量的生存期

【例 6.15】局部静态变量值具有可继承性。

```
main()
{   void  increment(void);
    increment();
    increment();
    increment();
}
void  increment(void)
{   static int x=0;
    x++;
    printf("%d\n",x);
}
```

运行结果:

```
1
2
3
```

【例 6.16】变量的寿命与可见性。

```
#include <stdio.h>
```

```
int i=1;
main()
{   static int a;
    register int b=-10;
    int c=0;
    printf("-----MAIN------\n");
    printf("i:%d a:%d b:%d c:%d\n",i,a,b,c);
    c=c+8;
    other();
    printf("-----MAIN------\n");
    printf("i:%d a:%d b:%d c:%d\n",i,a,b,c);
    i=i+10;
    other();
}
other()
{   static int a=2;
    static int b;
    int c=10;
    a=a+2;  i=i+32;  c=c+5;
    printf("-----OTHER------\n");
    printf("i:%d a:%d b:%d c:%d\n",i,a,b,c);
    b=a;
}
```

运行结果：

```
-----MAIN------
i:1 a:0  b:-10 c:0
-----OTHER------
i:33 a:4 b:0 c:15
-----MAIN------
i:33 a:0 b:-10 c:8
-----OTHER------
i:75 a:6 b:4 c:15
```

【例 6.17】用 extern 扩展外部变量作用域。

```
main()
{   void  gx(),gy();
    extern  int x,y;
    printf("1: x=%d\ty=%d\n",x,y);
    y=246;
    gx();
    gy();
}
void  gx()
{   extern   int  x,y;
    x=135;
```

```
        printf("2: x=%d\ty=%d\n",x,y);
}
int x,y;
void  gy()
{    printf("3: x=%d\ty=%d\n",x,y);
}
```

运行结果:

```
    1: x=0        y=0
    2: x=135      y=246
    3: x=135      y=246
```

【例 6.18】引用其他文件中的外部变量,输出 a×b 和 a 的 m 次方。

```
/* Ch6_1.c*/
int a;
main()
{    int power(int  n);
     int b=3,c,d,m;
     printf("Enter the number a and its power:\n");
     scanf("%d,%d",&a,&m);
     c=a*b;
     printf("%d*%d=%d\n",a,b,c);
     d=power(m);
     printf("%d**%d=%d",a,m,d);
}
/* Ch6_2.c*/
extern   int   a;
int  power(int  n)
{    int i,y=1;
     for(i=1;i<=n;i++)
     y* =a;
     return(y);
}
```

运行结果:

```
    Enter the number a and its power:
    2,5
    2*3=6
    2**5=32
```

6.5　预处理指令

　　C 语言预处理器是 C 编译程序的一部分,它负责分析处理几种特殊的指令,这些指令被称为预处理指令。顾名思义,预处理器对这几种特殊指令的分析处理是在编译程序的其他部分之前进行的。也就是说,在 C 编译系统对程序进行通常的编译(包括词法和语法分析,代码生成,优化等)之前,先对程序中这些特殊的指令进行"预处理",然后将预处理的结果和源程序一起再进行通常的编译处理,以得到目标代码。

为了与一般 C 程序语句相区别,所有预处理指令都以位于行首的符号"♯"开始。预处理指令有宏定义、文件包含和条件编译 3 种。C 预处理器和有关指令能够帮助程序员编写易读、易改、易移植并便于调试的程序,并为模块化程序设计提供方便。

6.5.1　文件包含

所谓"文件包含"处理是指一个源文件可以将另外一个源文件的全部内容包含进来,即将另外的文件包含到本文件之中。C 语言提供了 ♯include 命令来实现文件包含的操作。其一般格式为:

#include "文件名"

注意:在编译时并不是作为多个文件连接(用 link 命令实现连接),而是作为一个源程序编译,得到一个目标(.obj)文件。因此被包含的文件也应该是源文件而不应该是目标文件,即上面介绍的头文件。

说明:

(1)一个 ♯include 命令只能指定一个包含文件,如果要包含 n 个头文件,要用 n 个 ♯include命令。

(2)如果文件 1 包含文件 2,而文件 2 中要用到文件 3 的内容,则可在文件 1 中用两个 ♯include命令分别包含文件 2 和文件 3,而且文件 3 应出现在文件 2 之前。

(3)在一个被包含文件中又可以包含另一个被包含文件,即文件包含是可以嵌套的。

(4)在 ♯include 命令中,文件名可以用双引号或尖括号括起来,两者都是合法的。二者的区别是:用双引号的,系统先在引用被包含文件的源文件所在的文件目录中寻找要包含的文件,若找不到,再按系统指定的标准方式检索其他目录;而用尖括号时,不检查源文件所在的文件目录而直接按系统标准方式检索文件目录。一般来说,用双引号比较保险,不会找不到(除非不存在此文件)。

(5)被包含文件与包含它的文件,在预编译后成为同一个文件。因此,在被包含文件中定义的全局静态变量,在包含它的文件中也有效,不必用 extern 说明。

在前述章节中,我们大量引用了预处理语句"♯define <stdio. h>",在这条语句中的 stdio. h,就是所谓的头文件名。那么,什么是头文件呢?

由于 C 语言的语法本身很简单,单靠它无法实现一些复杂的功能,比如说,就连我们在与计算机打交道时最常用的输入/输出函数都不是 C 语言的语法成分。C 语言的强大功能主要是靠语法以外的内容来实现的。函数就是其中最主要的部分。在 C 语言中要实现哪怕非常简单的功能都要使用到函数,函数在使用之前必须先定义。所以,为了避免大家编出来的函数功能各异,使用时方法又不一样,造成混乱局面,也为了提高程序的通用性、可靠性,为了减少开发程序的成本,C 语言的软件开发商们把我们平时常用的一些实用程序编成函数,存放在 C 语言"函数库"中。而这些函数的定义说明存放在一些文件中,这些文件被称为"头文件"。要引用这些库函数时,只要说明函数定义在哪个"头文件"中就可以了。它省却了重复定义函数的重复工作,大大地加快了开发设计程序速度。同时,一些常用的常数值也在头文件中定义(如 NULL 值为 0,便是在 stdio. h 中定义的),通常也将头文件称为"嵌入文件"。

了解一下每个头文件都定义了哪些内容是很有必要的,这样就可以避免盲目地把头文件中的内容"包含"到用户的程序中来,使用户可以有目的地选用头文件。在 Turbo C 中,常用到的头文件,其定义的函数类型见表 6-2。

表 6-2　函 数 族 与 头 文 件 对 照 简 表

头文件名	函数类型
stdio. h	输入输出函数
alloc. h	内存分配函数
ctype. h	字符函数
math. h	数学运算中常用的函数
string. h	字符串函数
graphics. h	绘图函数

　　除了这些标准头文件之外,C语言中还允许用户自己制作头文件,把编程中自己经常用到的实用程序编成函数的定义说明存放在自己定义的头文件中。

6.5.2　宏定义

　　宏定义语句是将一个标识符定义为一个字符串,**在程序中出现的标识符在编译之前被替换为该字符串**,这个过程叫"宏替换"(或宏展开)。

　　宏定义又分为两种:一种是不带参数的宏定义,另一种是带参数的宏定义。

　　1. 不带参数的宏定义

　　格式:　　　　**# define 标识符　字符串**

　　其中:define 是宏定义的命令,标识符又称宏名;字符串是用来替换的。

　　注意♯与 define 之间没有空格。

　　实际这就是已经介绍过的定义符号常量。如一些经常定义的符号常量:

```
#define E      2.718281828
#define PI     3.1415926
#define EOF    (-1)
#define TRUE   1
#define FALSE  0
#define SIZE   256
#define EPS    1.0e-9
```

　　取消宏定义语句格式:

```
#undef 标识符
```

　　通过该语句可以取消宏的定义,在这条语句之后,将不能使用被取消的宏。如取消宏 SIZE 的定义:

```
#undef SIZE
```

　　说明:

　　(1)宏名一般习惯用大写字母表示,以与变量名(小写)相区别。

　　(2)使用宏名代替一个字符串,可以减少程序中重复书写某些字符串的工作量,减少出错,可以提高程序的可移植性。

　　(3)宏定义是用宏名代替一个字符串,也就是做简单的置换,不做语法检查。

　　(4)宏定义不是 C 语句,故不必在行末加分号。如果加了分号则会连分号一起进行置换。

(5)宏名在当前文件中从定义之后起至文件尾或下一个♯undef命令之前有效。

【例 6.19】

```
#include <stdio.h>
#define N 5
int main()
{
    printf("N=%d \n",N);
    #define M N+3
    printf("M=%d\n",M);
    #undef N
    #define N 10
    printf("NEW M=%d\n",M);
    return 0;
}
```

运行结果:

```
N=5
M=8
NEW M=13
```

(6)在进行宏定义时,可以引用已定义的宏名,即宏定义可以嵌套。

(7)对程序中用双引号括起来的字符串内的字符,即使与宏名相同,也不进行置换。

2. 带参数的宏定义

C预处理器允许定义的宏带有参数,进行预处理时,不仅对定义的名字作宏替换,而且做参数替换。其定义的一般格式为:

#define 宏名(参数表) 字符串

其中"字符串"中包含在括号中所指定的参数。

注意:宏名与后面参数表的括号间不得有空格,参数表中多个参数用逗号分隔。

带参数的宏定义的展开过程:在程序中如果有带实参的宏,则按♯define命令行中指定的字符串从左到右进行置换。如果串中包含有宏中的形参,则将程序语句中相应的实参(可以是常量、变量或表达式)代替形参,如果宏定义中的字符串中的字符不是参数字符,则保留。

说明:

(1)对带参数的宏的展开只是将语句中的宏名后面括号内的实参字符串代替♯define命令行中的形参,特别要注意多参数的情况;

(2)在宏定义时,在宏名与带参数的括弧之间不应加空格,否则将空格以后的字符都作为替代字符串的一部分。

【例 6.20】

```
#include <stdio.h>
#define PI 3.1415926
#define S(r) PI*r*r
int main()
{   float a,b,area;
    a=1;b=2;
    area= S(a+b);
```

```
    printf("area=%f\n",area);
    getchar();
    return 0;
}
```

赋值语句 area＝S(a＋b)经宏展开后为：

area=3.1415926*a+b*a+b;

运行结果：

area=7.1415926

带参数的宏和函数有些类似的功能，但本质上是不同的。主要有：

(1)函数调用时，先求出实参表达式值，然后代入形参，而使用带参数的宏只是进行简单的字符替换；

(2)函数调用是在程序运行时处理的，分配临时的内存单元，而宏展开则是在编译时进行的，在展开时并不分配内存单元，不进行值的传递处理，也没有"返回值"的概念；

(3)对函数中的实参和形参都要定义类型，二者的类型要求一致，如不一致，应进行类型转换。而宏不存在类型问题，宏名无类型，它的参数也无类型，只是一个符号代表，展开时代入指定的字符即可，宏定义时，字符串可以是任何类型的数据；

(4)调用函数只可得到一个返回值，而用宏可以设法得到几个结果；

(5)使用宏次数多时，宏展开后源程序变长，而函数调用不使源程序变长；

(6)宏替换不占运行时间，只占编译时间，而函数调用则占运行时间(分配单元、保留现场、值传递、返回)。

有些问题，既可以用宏也可以用函数。如善于利用宏定义，可以实现程序的简化。

注意：

(1)在宏展开实现参数替换时，双引号内字符串中与参数名相同的字符串是否被替换，各个 C 系统有不同的规定。Turbo C 是不进行这种替换的，而像 VAX 等一些中小型计算机系统使用的 C 是进行替换的。

(2)带参数的宏也允许宏定义嵌套。

6.5.3　条件编译

条件编译就是根据外部定义的条件去编译不同的程序部分，**这样就使得同一源程序在不同编译条件下对不同的代码段进行编译，从而得到不同的目标代码。**这样做有利于程序的移植和调试。

条件编译命令有以下几种形式：

(1)

#ifdef 标识符

　　程序段 1

#else

　　程序段 2

#endif

其作用是：当标识符已经被定义过(一般是用＃define 命令定义)，则对程序段 1 进行编译，否则编译程序段 2，其中＃else 部分可以没有。即

```
#ifdef 标识符
     程序段 1
#endif
```

(2)
```
#ifndef 标识符
     程序段 1
#else
     程序段 2
#endif
```

其作用是:当标识符未被定义过(一般是用♯define命令定义),则对程序段1进行编译,否则编译程序段2。其作用与第1种形式的作用相反。

(3)
```
#if 表达式
     程序段 1
#else
     程序段 2
#endif
```

其作用是:当指定的表达式为真(非零)时就对程序段1进行编译,否则编译程序段2。可以事先给定一定条件,使程序在不同的条件下执行不同的功能。

6.6　函数设计举例

【例 6.21】设计一个由 * 号组成的、大小和位置可调整的圣诞树,如图 6-11 所示。

算法分析:根据"自顶向下,逐步细化,模块化设计"的程序设计方法,本例可分解为 3 个问题:一是如何制作任意大小三角形的文本图形;二是如何制作树干的文本图形;三是如何给文本图形定位。通过分析不难发现三角形图形的每一行是由若干空格、若干星号和一个回车换行符组成。进一步分析发现空格数为总行数减去当前行数,星号数为两倍当前行数减去 1。因此只要设定行数,就可以制作任意大小的三角图形。为了使图形比例合适,设计树干星号的行数与第一个三角形的行数一致,位置与每个三角形的顶角星号一致。设定一图形位置偏移数(要求大于三角形图形的最大行数),用该数来控制空格数,从而达到调整图形位置的目的。

图 6-11　由 * 号组成的圣诞树

程序代码如下:

```
#include <stdio.h>
/* n为行数,m为位置偏移数,本函数功能为制作三角图形*/
void sjx (int n,int m)
{     int i,j;
```

```
    for(i=1;i<=n;i++)
    {    for (j=1;j<=m-i;j++)
            printf("  ");
        for(j=1;j<=2*i-1;j++)
            printf("*");
        printf("\n");
    }
}
/* n为行数,m为位置偏移数,本函数功能为制作圣诞树*/
void sds(int n,int m)
{    int i,j;
    for (i=0;i<=4;i=i+2)
        sjx(n+i,m);
    for(i=1;i<=n;i++)
    {    for(j=1;j<=m-1;j++)
            printf("  ");
        printf("* \n");
    }
}
void main ()
{    int n,m;
    printf("Input n,m:   ");
    scanf ("%d,%d",&n, &m);
    sds(n,m);
}
```

输入输出如图 6-12 所示。

图 6-12　当 n＝3,m＝20 时,由 * 号组成的圣诞树

【例 6.22】用弦截法求方程 $x^3-19x^2+95x-77=0$ 的根。

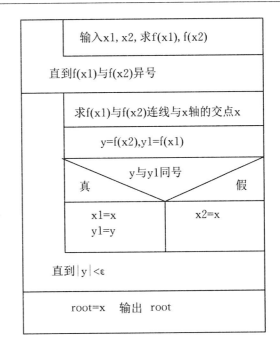

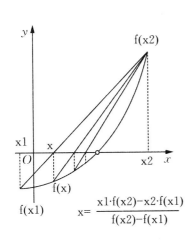

图 6-13　弦截法

图 6-14　例 6.22 流程图

算法分析：

(1)取两点 x1,x2,若 f(x1)和 f(x2)反号,则(x1,x2)间必有一根。若 f(x1)和 f(x2)同号,则改变 x1,x2,直到 f(x1)和 f(x2)反号。

(2)连接(x1,f(x1))和(x2,f(x2))两点,弦交 x 轴于 x,如图 6-13 所示。

则：

$$x = \frac{x1 \cdot f(x2) - x2 \cdot f(x1)}{f(x2) - f(x1)}$$

(3)若 f(x)和 f(x1)同号,则(x,x2)间必有一根,将 x 取代 x1。若 f(x)和 f(x2)同号,则(x,x1)间必有一根,将 x 取代 x2。

(4)重复②和③,直到|f(x)|<ε,ε 是个很小的数,在本题中设为 10^{-6},可认为 f(x)趋近为零。

流程如图 6-14 所示,分别用 f(x)来求函数 $x^3 - 19x^2 + 95x - 77$ 的值,用 xpoint(x1,x2)来求弦与 x 轴的交点 x,用 root(x1,x2)来求(x1,x2)区间的根。嵌套调用过程如图 6-15 所示。

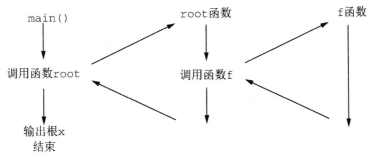

图 6-15　例 6.22 嵌套调用过程

程序代码：

```
#include <math.h>
float f(float x)
{    float y;
     y=((x-19)*x+95)*x-77;
     return(y);}
float xpoint(float x1,float x2)
{    float x;
     x=(x1*f(x2)-x2*f(x1))/(f(x2)-f(x1));
     return(x);}
float root(float x1,float x2)
{    float x,y,y1;
     y1= f(x1);
     do{    x=xpoint(x1,x2);
            y= f(x);
            if(y*y1>0)
            {    y1=y; x1=x;}
            else   x2=x;
     }while(fabs(y)>=0.000001);
     return(x);
}
main()
{    float x1,x2,f1,f2,x;
     do{
          printf("input x1,x2:\n");
          scanf("%f,%f",&x1,&x2);
          f1= f(x1);
          f2= f(x2);
     }while(f1*f2>=0);
     x=root(x1,x2);
     printf("root is %8.4f",x);
}
```

运行情况如下：

```
input x1,x2:
3,9
root  is  7.0000
```

【例 6.23】一个商务系统有大量注册用户,每个用户的注册密码为每一位都不为 0 的整数,为了防止黑客攻击获取用户的密码,系统对用户的密码进行了简单的加密。具体的加密算法如下：

将整数密码的低 n/2 位(n 为密码的长度)逆序并与高 n/2 位交换位置形成密文。

本问题需考虑如下两种情况：

(1)密码长度为偶数。如密码为 527456,密码长度 n=6,则将低 3 位逆序为 654,交换高 3 位与低 3 位得到密文是 654527;

(2)密码长度为奇数。如密码为 47259,密码长度 n=5,因为整数除法 5/2=2,故将低 2

位逆序为 95,交换高 2 位与低 2 位,得到密文 95247。

通过上述加密算法加密后的密码即使被黑客攻击获得,但黑客不知道加密算法,因而难以解密,从而保护了客户资料的安全。而合法的用户则可通过解密程序来获得真实的密码。

算法分析:根据"自顶向下,逐步细化,模块化设计"的程序设计方法,本例可分解为如下需解决的两个问题,即如何加密与如何解密。如何加密需解决的 5 个问题,一是如何获得一个整数的位数,二是如何降低 n/2 位逆序,三是如何获得高 n/2 位数字,四是如何交换高n/2 位与低 n/2 位,五是如何获得密码长度为奇数的最中间的数字。至于解密,按照加密的逆过程即可。

设计 7 个函数:

int GetLength(int digit)——用于获得整数的长度

int GetLowReverse(int digit,int n)——获得低 n/2 位的逆序

int GetHigh(int digit,int n)——获得高 n/2 位的数字

int Reverse(int digit)——将整数逆转

int GetMid(int digit)——获得长度为奇数的密码的最中间的数字

int Encrypt(int digit)——对整数 digit 进行加密

int Decrypt(int cipher)——对密文进行解密

加密解密程序如下:

```
#include <stdio.h>
/*
* 通过将整数逐次右移一位,右移的方法就是 digit/=10,并记录移动的次数
* 如:digit=123
* 右移 1 次 digit=digit/10=12
* 右移 1 次 digit=digit/10=1
* 右移 1 次 digit=digit/10=0 循环终止
* 总共右移 3 次后 digit=0,计数器 len=3,表明 digit 的长度为 3 位
*/
int GetLength(int digit)
{    int len=0;              //记录整数位数的变量
     while(digit>0)          //循环直到 digit=0
     {    len++;             //每循环一次,len 累加一次
          digit/=10;         //每循环一次,digit 右移一位
     }
     return len;
}


/*
* 循环 n/2 次,每次循环获得整数 digit 的最低位
* 并将最低位加在数 low*10 的个位,此 low 即为 digit 的低 n/2 位的逆序
* 如:a=12345,则 n=5,n/2=2 ,low 的初值为 0
* 循环 1:b=a%10=5    low=low*10+b=0*10+5=5    a=a/10=1234
* 循环 2:b=a%10=4    low=low*10+b=5*10+4=54        a=a/10=123
```

```
    * 循环两次后终止,此时 low=54,是 12345 的低 2 位的逆序
    */
    int GetLowReverse(int digit, int n)
    {    int low=0;
         int b;
         for(int i=0;i<n/2; i++)
         {    b=digit%10;        //获取最低位数字
              low=low*10+b;       //每次循环,low 左移一位,并加上个位数
              digit /=10;         //将数字右移一位
         }
         return low;
    }


    /*
    * 计算高 n/2 位后的位数,如果 n 为偶数,则为 n/2
    * 若为奇数,则为 n/2+1
    * 如:a=1234,则高 2 位后有 2 位,则 fac=10², a/fac=12
    *     a=12345,则高 2 位后有 3 位,则 fac=10³, a/fac=12
    * 其结果是高 n/2 位的数字
    */
    int GetHigh(int digit, int n)
    {    int fac=1;
         for(int i=0;i<n/2;i++)
         {    fac*=10;           //逐次左移 fac,使得 fac 的长度是 digit 长度的一半
         }
         if(n%2==1)              //如果 n 为奇数
         {    fac*=10;           //fac 是一个除数,digit 除了 fac 后就可得到高位的整数
         }
         return digit/fac;       //可得 digit 的高 n/2 的数字
    }


    /*
    * 此函数用于求长度为奇数的整数的中间数字
    * 先获得高 n/2+1 位整数,再取个位数
    * 如:a= 12345,则高 3 位是 a= a/100= 123
    *     123 的个位是 3,为正中间的数字
    */
    int GetMid(int digit,int n)
    {    int fac=1;
         for(int i=0; i<n/2;i++)
         {    fac*=10;
         }
```

```
        digit /= fac;              //fac 是一个除数,digit/fac 可以得到高 n/2+1 位(包括中间数
                                         字)的整数
        return digit %10;   //中间数字是个位数,因此取余运算即可获得该数字
}


/*
 * 加密过程是:
 * 获得密码的低 n/2 位的逆序 low
 * 获得密码的高 n/2 位的数字
 * 如果密码长度为奇数,获取中间数字 mid
 * 则密文的开头是 cipher= low,如果为奇数,则执行 cipher= cipher*10,将 cipher 左移一位
 * 将 mid 作为最低位加入,即 cipher= cipher* 10+ mid
 * 然后将 cipher 左移 n/2 位,加上高位 high,即为最终密码
 * cipher= cipher* fac+ high
 */
int Encrypt(int digit)
{    int n= GetLength(digit);          //获得密码的长度
     int low= GetLowReverse(digit,n);  //获得低 n/2 位的逆序
     int high= GetHigh(digit,n);       //获得高位的整数
     int mid;
     if(n %2==1)                       //如果密码的长度是奇数
     {    mid= GetMid(digit,n);        //获得正中间的数字
     }
     int fac=1;
     for(int i=0;i<n/2;i++)
     {    fac*=10;
     }
     int cipher= low;                  //密文是以原密码的低 n/2 位开头
     if(n %2==1)                       //如果长度为奇数
     {    cipher=cipher*10+ mid;       //左移密文一次,加上中间的数字
     }
     cipher*= fac;                     //左移密文 n/2 次,此时低 n/2 位全为 0
     cipher += high;                   //低 n/2 位变为原密码的高位
     return cipher;
}


/*
 * 将一个整数变成逆序的数字
 * 如:digit=12345
 * 结果是:54321
 */
int Reverse(int digit)
```

```
{    int rev=0;
      int d;
      while(digit>0)
      {    d=digit %10;
           rev=rev* 10+d;
           digit/=10;
      }
      return rev;

}


/*
* 解密函数,是加密的逆过程
*/
int Decrypt(int cipher)
{    int n= GetLength(cipher);
     int low= GetLowReverse(cipher,n);
     int high= GetHigh(cipher,n);
     low= Reverse(low);
     high= Reverse(high);
     int mid;
     if(n %2==1)
     {    mid= GetMid(cipher,n);
     }
     int fac=1;
     for(int i=0; i<n/2; i++)
     {    fac*=10;
     }
     int plain=low;
     if(n %2==1)
     {    plain=plain* 10+mid;
     }
     plain=plain* fac+high;
     return plain;
}
//测试加密解密程序
int main()
{    int a=4598732;
     int cipher=Encrypt(a);
     printf("长度为奇数的密码测试 \n");
     printf("====== 加密====== \n");
     printf("原始密码:%d\n",a);
     printf("加密密文:%d\n",cipher);
```

```
    int plain= Decrypt(cipher);
    printf("====== 解密======= \n");
    printf("加密密文:%d\n",cipher);
    printf("原始密码:%d\n",plain);
    a=56347829;
    cipher=Encrypt(a);
    printf("\n 长度为偶数的密码测试 \n");
    printf("====== 加密====== \n");
    printf("原始密码:%d\n",a);
    printf("加密密文:%d\n",cipher);
    plain= Decrypt(cipher);
    printf("====== 解密======= \n");
    printf("加密密文:%d\n",cipher);
    printf("原始密码:%d\n",plain);
    getchar();
    return 0;
}
```

图 6-16 数据加密解密测试运行结果

运行结果如图 6-16 所示。

【例 6.24】用递归函数实现将十进制数转换为二进制数。

```
void p( int n)
{    if(n>1)
    {    p(n/2);
        p(n%2);
    }
    else{
    printf("%d",n);
}
}
main()
{    int n:
    printf("请输入十进制数:");
    scanf("%d",&n);
    printf("十进制数%d 转换为二进制数",n);
    p(n);
    printf("\n");
}
```

图 6-17 用递归函数实现将十进制数转换为二进制数

6.7　常见错误原因分析

函数引入了新的语法和规则,如函数返回类型、函数参数、变量存储类型等,导致初学者在应用函数编程时容易犯错,常见的编程错误及原因总结如下:

(1)程序中使用了数学库函数,忘了在程序开头写预处理命令"#include <math.h> "。

(2)如果函数原型定义的返回值类型不是整型,那么在函数定义时不明确写出返回值类型,将导致语法错误。

(3)在编写一个有返回值的函数时,忘记用 return 返回一个值。

(4)从返回值类型是 void 的函数中返回一个值,将导致语法错误。

(5)如果形参列表中有若干个参数的数据类型是相同的,如"double x,double y",那么图省事将其写成"double x,y"是错误的。

(6)定义一个函数时,在形参列表的右侧圆括号后面加上了一个分号,将导致语法错误。

(7)在函数体内,将一个形参变量再次定义成一个局部变量,将导致语法错误。

(8)在函数原型的行末,忘记写上一个分号,将导致语法错误。

(9)如果一个函数的返回值的类型不是 int,而且在程序中对这个函数的调用语句出现在它的定义之前,那么不写函数原型将导致一个语法错误。

(10)用系统函数名对用户自定义的函数进行命名,在某些编译环境下,有可能导致编译错误。

习　题　6

一、选择题

1.以下只有在使用时才为该类型变量分配内存的存储类型说明是(　　　)。

    A auto 和 static　　　　　　　　　　　　B auto 和 register

    C register 和 static　　　　　　　　　　D extern 和 register

2.下述程序的输出结果是(　　　)。

```
long  fun(int n)
{    long  s;
     if(n==1|| n==2)
         s=2;
     else    s=n-fun(n-1);
     return  s;
}
main()
{    printf("% ld\n",fun(3));
}
```

    A 1　　　　　　　　　B 2　　　　　　　　　C 3　　　　　　　　　D 4

3.C 语言中形参的默认存储类别是(　　　)。

    A 自动(auto)　　　　　　　　　　　　　B 静态(static)

C 寄存器(register)　　　　　　　　　　　　D 外部(extern)

4.下面对函数嵌套的叙述中,正确的是(　　　)。

　A 函数定义可以嵌套,但函数调用不能嵌套

　B 函数定义不可以嵌套,但函数调用可以嵌套

　C 函数定义和函数调用均不能嵌套

　D 函数定义和函数调用均可以嵌套

5.下面关于形参和实参的说法中,正确的是(　　　)。

　A 形参是虚设的,所以它始终不占存储单元

　B 实参与它所对应的形参占用不同的存储单元

　C 实参与它所对应的形参占用同一个存储单元

　D 实参与它所对应的形参同名时可占用同一个存储单元

6.关于全局变量的作用域,下列说法正确的是(　　　)。

　A 本程序的全部范围　　　　　　　　　B 离定义该变量的位置最接近的函数

　C 函数内部范围　　　　　　　　　　　D 从定义该变量的位置开始到本文件结束

7.调用一个函数,此函数中没有 return 语句,下列说法正确的是:该函数(　　　)。

　A 没有返回值　　　　　　　　　　　　B 返回若干个系统默认值

　C 能返回一个用户所希望的函数值　　　D 返回一个不确定的值

8.以下函数调用语句中含有(　　　)个实参。

```
fun((exp1,exp2),(exp3,exp4,exp5));
```

　A 1　　　　　　　　B 2　　　　　　　　C 4　　　　　　　　D 5

9.以下程序的输出结果是(　　　)。

```
fun(int a,int b,int c)
{    c=a*a+b*b;
}
main()
{    int x=22;
     fun(4,2,x);
     printf("%d",x);
}
```

　A 20　　　　　　　　B 21　　　　　　　　C 22　　　　　　　　D 23

10.以下程序的输出结果是(　　　)。

```
main()
{    int  a=8,b=1,p;
     p=func(a,b);
     printf("%d,",p);
     p=func(a,b);
     printf("%d\n",p);
}
func(int  x,int  y)
{    static  int  m=2,k=2;
     k+=m+1;
     m=k+x+y;
```

```
        return(m);
    }
```
    A 14,29   B 14,24   C 14,8   D 14,30

11. 以下程序的输出结果是(   )。

```
#define    M(x,y,z)    x*y+z
main()
{    int   a=1,b=2,c=3;
     printf("%d\n",M(a+b,b+c,c+ a);
}
```
    A 19   B 17   C 15   D 12

12. 以下有关宏替换的叙述不正确的是(   )。

    A 宏替换不占用运行时间   B 宏名无类型

    C 宏替换只是字符替换   D 宏名必须用大写字母表示

13. 在宏定义 #define   PI   3.14159 中,用宏名 PI 代替一个(   )。

    A 常量   B 单精度数   C 双精度数   D 字符串

14. C语言的编译系统对宏命令的处理是(   )。

    A 在程序运行时进行

    B 在程序连接时进行

    C 和 C 程序中的其他语句同时进行编译

    D 在对源程序中其他成分正式编译之前进行的

15. C语言规定,函数返回值的类型是由(   )。

    A return 语句中的表达式类型所决定

    B 调用该函数时的主调函数类型所决定

    C 调用该函数时系统临时决定

    D 在定义该函数时所指定的函数类型所决定

二、程序分析题

1. 以下程序的输出结果是_____。

```
#include <stdio.h>
fun(int a,int b,int c)
{    c=a*b;
}
main()
{    int c;
     fun(2,3,c);
     printf("%d\n",c);
}
```

2. 分析以下程序的运行结果_____。

```
#include <stdio.h>
func(int a,int b)
{    int c;
     c=a+b;
```

```
        return c;
    }
    main()
    {   int x=6,r;
        r= func(x,x+=2);
        printf("%d\n",r);
    }
```

3. 分析以下程序的运行结果_____。

```
    #include <stdio.h>
    int d=1;
    fun(int p)
    {   int d=5;
        d+=p++;
        printf("%d",d);
    }
    main( )
    {   int a=3;
        fun(a);
        d+=a++;
        printf("%d\n",d);
    }
```

4. 分析以下程序的运行结果_____。

```
    #inlude <stdio.h>
    int d=1;
    fun(int p)
    {   static int d=5;
        d+=p;
        printf("%d",d);
        return d;
    }
    main( )
    {   int a=3;
        printf("%d\n",fun(a+fun(d)));
    }
```

5. 有如下程序：

```
    long fib(int n)
    {   if(n> 2)   return(fib(n-1)+fib(n-2));
        else   return(2);
    }
    main()
    {printf("%d\n",fib(3));
```

该程序的输出结果是（　　）。

三、编程题

1. 已有变量定义和函数调用语句：int x＝57；isprime(x)；函数 isprime( )用来判断一个整数 a 是否为素数，若是素数，函数返回 1，否则返回 0。请编写 isprime 函数。

　　　　　　　isprime(int a)｛　　　　　｝

2. 输入两个整数，求它们相除的余数。用带参数的宏来编程实现。

3. 编写一个判断奇偶数的函数，要求在主函数中输入一个整数，通过被调用函数输出该数是奇数还是偶数的信息。

4. 已有变量定义和函数调用语句：int a＝1，b＝－5，c；c＝fun(a,b)；fun 函数的作用是计算两个数之差的绝对值，并将差值返回调用函数，请编写程序。

5. 编写函数 fun，它的功能是输出一个 200 以内能被 3 整除且个位数为 6 的所有整数，返回这些数的个数。

6. 计算 $|a^3|$，要求编写函数计算 a^3，再编写函数调用上述函数计算绝对值，主函数中输入 a 值，并输出结果。

7. 用递归函数编程计算 1!＋3!＋5!＋…＋n!(n 为奇数)。

8. 写一个求两个数的最大公约数和最小公倍数的函数。

9. 写一个将整数转换成字符串的函数，可以采用递归函数也可以不采用递归函数。

10. 编写一个对一维数组求平均值的函数，并在主函数中调用它。(注：用数组名作参数。)

11. 编写一个函数，由实参传递一个字符串，将此字符中最长的单词输出。

12. 设计一个宏，用于找出三个数中的最大数。

13. 编写一个程序用于判断一个整数是否是回文数。回文数是关于数字中心对称的数，如 1234321，12344321。

14. 求[200,1000]的双胞胎数的对数。双胞胎数：两素数差为 2 称为双胞胎数。

第7章 数组与字符串

内容提要

(1)知识点:本章主要讨论各种不同类型的一维和二维数组及其应用。要求学生理解数组的概念,掌握数组的形式化定义,数组的初始化方法,数组元素的访问规则;在此基础上学习数组的使用方法,如数组中元素的查找、排序、插入、计算等。字符数组作为一种特殊的数组,用来存储字符串,要求学生掌握字符串函数。通过数组的学习提高学生的数据管理能力和编程能力。

(2)难点:数据的组织和定义。即针对实际应用问题,如何组织数据和定义数组。数组名的理解,字符串的相关操作。

数组是带有下标的变量,如 a[10]、s[20,90]。简单变量 a 或 s 只能存储一个数据,而数组 a[10]可存储 10 个同类型的数据,数组 s[20,90]可存储 1800 个同类型的数据,故数组适合于大量数据的处理。根据数组的下标个数不同,可以将数组分为一维数组、二维数组、三维数组等等。

7.1 一 维 数 组

7.1.1 一维数组的定义

当数组只带一个下标时,我们称之为一维数组。数组使用前必须先定义,一维数组的定义格式如下:

类型标识符　数组名[常量表达式]

其中,类型标识符是任意一种基本数据类型。数组名是用户定义的数组标识符。方括号中的常量表达式表示数据元素的个数,也称为数组的长度。例如:

```
int a[5];        /* 定义整型数组 a,有 5 个元素 */
float f[20];     /* 定义实型数组 f,有 20 个元素 */
char ch[10];     /* 定义字符数组 ch,有 10 个元素 */
```

对于数组的定义应注意以下几点:

(1)数组的类型是指数组元素的取值类型。对于同一个数组,其所有元素的数据类型都是相同的。如上面的 a 数组中 5 个数组元素都是 int 类型,f 数组中的 20 个数组元素都是 float 类型,ch 数组中的 10 个数组元素都是 char 类型。

(2)数组名的命名规则与标识符的命名规则一致。

(3)方括号中常量表达式表示数组元素的个数,如上面 a 数组有 5 个元素。但是其下标从 0 开始计算。因此 5 个数组元素分别用 a[0],a[1],a[2],a[3],a[4]表示。

数组定义好后,C 编译程序为 a 数组在内存空间开辟一串连续的存储单元,5 个数组元素在内存的存储结构如图 7-1 所示.

(4)不能在方括号中用变量来表示元素的个数,但是可以是符号常数或常量表达式。

图 7-1　一维数组 a 在内存的存储结构

例如以下定义是合法的:

```
#define S 5
int a[5+7],b[7+ S];      /* 数组定义中 S 为常量,合法 */
```

但是下述定义方式是不合法的:

```
int i=5;
int a[i];      /* 数组定义中 i 为变量,不合法 */
```

(5)允许在同一个类型说明中说明多个数组和多个变量。

例如:int x,y,a1[5],a2[10];

7.1.2　一维数组元素的引用

数组定义好后就可以使用它了,但不能一次性引用整个数组,只能引用单个数组元素。引用数组元素的形式为:

数组名[下标]

注意:下标从 0 开始,如果有 N 个数组元素,则下标的取值范围是[0,N−1]。

数组元素就是一个带下标的简单变量,可以进行赋值运算、算术运算等。

【例 7.1】分析程序运行结果:

```
#include <stdio.h>
int main()
{
    int i=6,a[10];
    a[0]=2;
    a[i-1]=a[0]+1;
    printf("%d",a[5]);
    return 0;
}
```

输出结果为:

　　3

7.1.3　一维数组的初始化

定义数组时给数组赋值,称为数组的初始化。具体的方法有:

(1)全部初始化。如:

```
int a[5]={0,1,2,3,4};            /* 定义数组 a */
```

该语句定义 a 为整型数组,并且对 5 个数组元素赋值,其中 a[0]=0,a[1]=1,a[2]=2,a[3]=3,a[4]=4。

(2)给部分元素赋初值。如:

int b[10]={0,1,2,3,4};

这表示只给前面 5 个元素赋值,后面 5 个元素值全为 0。

(3)给所有元素都赋 0 值。则:

```
int c[6]={0,0,0,0,0,0};
```

或者写成：

```
int c[6]={0};
```

(4)对所有数组元素赋初值时，可以不指定数组长度。如：

```
int a[5]={0,1,2,3,4};
```

可以写成：int a[ ]＝{0,1,2,3,4};

根据大括号内数据的个数可知 a 数组的大小为 5。

7.1.4　一维数组的应用

数组的应用通常与循环结构相配合。将数组元素的下标作为循环变量,利用循环就可以实现对数组中所有元素的处理。

【例 7.2】输入 20 个整数,然后按逆序将 20 个数打印出来。

【分析】可以定义一个数组 a 用以存放输入的 20 个数,然后将数组 a 中的内容逆序输出。

```
#include <stdio.h>
int main()
{
    int a[20],i;
    for(i=0;i<20;i++)
        scanf("%d",&a[i]);
    for(i=19;i>=0;i--)
        printf("%d  ",a[i]);   /* 注意%d后面有一个空格,保证各个数据用空格分隔*/
    return 0;
}
```

输入：1 2 3 4 5 6 7 8 9 10 11 12 13 14 15 16 17 18 19 20

输出：20 19 18 17 16 15 14 13 12 11 10 9 8 7 6 5 4 3 2 1

思考：能否用一条语句输出整个数组？ 如：printf("%d",a)

【例 7.3】输入 n(n<＝1000)个数,存放在数组 a[1]至 a[n]中,输出最大数及其所在位置。

输入样例：

```
    5
    23  34  8  98  50
```

输出样例：

```
    98  4
```

【分析】设 max 存放最大值,k 存放对应最大值所在的数组位置,max 的初值为 a[1],k 的初值为 1,枚举数组元素,找到比当前 max 大的数成为 max 的新值,k 值为对应位置,最后输出 max 和 k 值。

程序如下：

```
#include <stdio.h>
int main()
{
    int a[1001];                        /* 定义大小为 1001 的数组*/
```

```
    int i,n,max,k;
    scanf("%d\n",&n);                    /* 输入数组的实际大小*/
    for(i=1;i<=n;i++)
    scanf("%d",&a[i]);
    max=a[1];k=1;                        /* 赋最大值初值和初始位置*/
    for(i=2;i<=n;i++)
        if (a[i]>max)
        {
            max=a[i];
            k=i;
        }
    printf("%d %d",max,k);      /* 输出最大值及所在位置*/
    return 0;
}
```

思考:如何从一组数据中找出最小值及所在位置?

【例7.4】利用冒泡法,将输入的十个整数自动按从小到大的顺序输出。

输入样例:

    2   4   8   5   78   66   45   89   23   39

输出样例:

    2   4   5   8   23   39   45   66   78   89

【分析】冒泡排序算法如下。

(1)比较相邻的元素。如果第一个比第二个大,就交换他们两个。

(2)对每一对相邻元素作同样的工作,从开始第一对到结尾的最后一对。经过第一轮相比较,最大的数将会放到最后。

(3)除了最后一个最大数,将剩下的元素再两两比较,本轮最大元素将会放到倒数第二。

(4)持续每次对越来越少的元素重复上面的步骤,直到没有任何一对数字需要比较。

下面列举 N(设 N=5)个数来说明两两相比较和交换位置的具体情形:

5 6 4 8 7   5和6比较,不交换,顺序不变;

5 6 4 8 7   6和4比较,交换位置,排成下行的顺序;

5 4 6 8 7   6和8比较,不交换,顺序不变;

5 4 6 8 7   8和7比较,交换位置,排成下行的顺序;

5 4 6 7 8   经过 4(N−1)次比较后,将 8 调到了末尾,得到新的序列。

经过第一轮 N−1 次比较,就能把 N 个数中最大数调到最末尾位置;第二轮比较 N−2 次,同样处理,又能把这一轮所比较的"最大数"调到所比较范围的"最末尾"位置……;每进行一轮两两比较后,其下一轮的比较范围就减少一个;最后一轮仅有一次比较。在比较过程中,每次都有一个"最大数"冒到序列"最末尾",故称之为"冒泡法"排序。

程序如下:

```
#include <stdio.h>
int main()
{
    int i,j,k,a[11],n=10;                        /* 习惯 a[0]不用,将数组大小增大 1*/
    for(i=1;i<=n;i++)  scanf("%d",&a[i]);        /* 输入 10 个数*/
```

```
for(i=1;i<=n-1;i++)                    /* 冒泡法排序*/
   for(j=1;j<=n-i;j++)                 /* 两两排序*/
      if(a[j]> a[j+1]){k=a[j];a[j]=a[j+1];a[j+1]=k;}  /* 比较和交换*/
   for(i=1;i<=n;i++)  printf("%d  ",a[i]);  /*%d后面有空格*/
   return 0;
}
```

思考：①如何对数组元素进行从大到小排序？②了解其他排序算法：快速排序、简单选择排序、插入排序等等。

7.2 二 维 数 组

7.2.1 二维数组的定义

具有两个下标的数组称为二维数组。它可以很方便地表达数学中的矩阵。

二维数组的定义格式如下：

类型标识符　数组名[常量表达式1][常量表达式2]

其中，"常量表达式1"表示行下标的长度，"常量表达式2"表示列下标的长度。

例如：

```
int a[2][3];       /* 定义一个2行3列的二维整型数组*/
char s[3][2];      /* 定义一个3行2列的二维字符数组*/
```

二维数组的大小＝常量表达式1×常量表达式2

如上面的 a 数组的大小为：$2 \times 3 = 6$，可以存储 6 个整数；s 数组的大小为 $3 \times 2 = 6$，可以存储 6 个字符。

说明：当定义的数组下标有两个以上时，我们称为多维数组，除了二维数组，还可以有三维数组、四维数组，如：

```
int a[100][3][4];
int b[100][2][3][4];
```

多维数组的引用赋值等操作与二维数组类似，但三维以上的数组很少用，因为这些数组要占用大量的存储空间。

7.2.2 二维数组元素的引用

二维数组元素引用的一般形式：

数组名[下标1][下标2]

注意：下标从 0 开始，如果定义时下标 1 有 N 个，则下标 1 的取值范围是 $[0, N-1]$；如果定义时下标 2 有 M 个，则下标 2 的取值范围为 $[0, M-1]$。

如定义二维数组 a：

```
int a[2][3];
```

则数组 a 是 2 行 3 列具有 6 个数组元素的二维整型数组，行下标的取值范围为 $[0,1]$，列下标的取值范围为 $[0,2]$，故它的数组元素分别用 a[0][0]，a[0][1]，a[0][2]，a[1][0]，a[1][1]，a[1][2]来表示。各个数组元素在内存中存储的顺序是"按行优先原则顺序存放"。为了理解方便，一般画成二维表格的形式，如图 7-2 所示。

| a[0][0] | a[0][1] | a[0][2] |
| a[1][0] | a[1][1] | a[1][2] |

图 7-2　二维数组 a 的元素存储分配示意图

数组元素可以看成带两个下标的变量，能进行各种运算。如：

```
int a[2][3];
a[0][0]=5;                      /* 赋值运算 */
a[0][1]=6;                      /* 赋值运算 */
a[0][2]=a[1][2]+a[0][1];       /* 算术运算和赋值运算 */
```

7.2.3　二维数组的初始化

定义二维数组时即可给数组元素赋初值，初始化的方法如下。

（1）分行初始化。

如：int a[2][3]={ {1,2,3},{4,5,6}};

{1,2,3}对应 a 数组第 1 行 3 列数据，{4,5,6}对应第 2 行 3 列数据，数组有几行就用几个大括号。

（2）按行顺序一次性初始化。

如：int a[2][3]={1,2,3,4,5,6};

6 个数据按的顺序写在一个大括号内。

（3）部分初始化。

如：int a[2][3]={{1},{2,3}};

相当于：int a[2][3]={{1,0,0},{2,3,0}};

系统将没有赋值的元素赋值为 0。

（4）行下标省略初始化。

定义数组时，如果对数组所有元素赋初值，则行下标可以省略。如：

```
int a[][3]={1,2,3,4,5,6,7,8,9};
```

总共 9 个数据，已知每行有 3 列，故总共有 3 行，相当于：

```
int a[3][3]={1,2,3,4,5,6,7,8,9};
```

又如：

```
int a[][3]={{1},{2},{3,4,5}};
```

根据大括号的个数可以判断数组有 3 行，相当于：

```
int a[3][3]={{1},{2},{3,4,5}};
```

7.2.4　二维数组的应用

【例 7.5】矩阵的转置，从键盘上输入一个 4×3 的矩阵，将其换成 3×4 的矩阵输出。

输入样例：

```
1 2 3
4 5 6
7 8 9
1 2 3
```

输出样例：

```
1 4 7 1
2 5 8 2
3 6 9 3
```

程序如下：

```c
#include <stdio.h>
main()
{
    int m[4][3], n[3][4], i, j;
    for(i=0;i<4;i++)
        for(j=0;j<3;j++)
            scanf("%d", &m[i][j]);
    for(i=0;i<3;i++)                    /* 将数组 m 中的矩阵转置后存放在数组 n 中 */
        for(j=0;j<4;j++)
            n[i][j]=m[j][i];
    for(i=0;i<3;i++)
    {   for(j=0;j<4;j++)
            printf("%d",n[i][j]);
        printf("\n");                   /* 回车换行,每行 4 列 */
    }
}
```

思考：如何求矩阵的对角线之和？

【例7.6】假设一个班有 20 名学生,进行了 4 门功课的考试,请计算每位学生的平均成绩。

程序分析：

(1)定义二维数组 grade[20][4]存储学生的考试成绩,第一个下标代表某位学生,第二个下标代表该学生的某门功课；

(2)为了调试程序方便,可用随机函数 rand()生成 20 名学生的各科成绩,该函数在 stdlib.h 头文件中定义。rand()%b+a 可以生成[a,a+b]之间的随机正整数。为了使每次生成的随机数都不同,在使用随机函数之前要使用包含在 time.h 中的 srand(time(NULL))函数重新部署一次种子。

程序如下：

```c
#include <stdio.h>
#include <stdlib.h>
#include <time.h>
int main()
{
    int i,j,s,grade[20][4];
    double aver;
    srand(time(NULL));                  /* 为了产生不同的随机数 */
    for(i=0;i<20;i++)
        for(j=0;j<4;j++)
            grade[i][j]=rand()% 90+10;  /* 生成 2 位随机正整数 */
```

```
for(i=0;i<20;i++)
{
    printf("第%d位学生 4 科成绩及平均分:",i+1);
    s=0;
    for(j=0;j<4;j++)
    {
        s+=grade[i][j];                /* 累计求每位同学各科总成绩 */
        printf("%d",grade[i][j]);      /* 打印各科成绩 */
    }
    aver=s/4.0;                        /* 求每位同学的平均成绩 */
    printf("%5.1lf\n",aver);
}
return 0;
}
```

思考:如何求全班学生的总平均成绩及每门功课的平均成绩?

7.3　字符数组和字符串

由于 C 语言没有字符串类型,所以通常用字符类型的数组来存储字符串。

7.3.1　字符数组的定义与初始化

一维字符数组定义的一般形式:

char 数组名[常量表达式]

例如:char c[5];　　　/* 定义大小为 5 的字符数组 */

数组 c 有 5 个数组元素,分别为 c[0],c[1],c[2],c[3],c[4],该数组元素存放的内容为字符。

定义字符数组即可初始化,如:

char c[5]={'H','e','l','l','o'};

相当于:c[0]='H',c[1]='e',c[2]='l',c[3]='l',c[4]='o'

说明:

(1)若大括号中的初值个数大于数组的长度,按语法错误处理;

(2)若大括号中的初值个数小于数组的长度,其余的元素自动添入空字符 '\0'。例如:

char c[5]={'H','i'};

在内存中的存放形式如图 7-3 所示。

c[0]	c[1]	c[2]	c[3]	c[4]
H	i	\0	\0	\0

图 7-3　字符数组 c 的元素存储分配示意图

(3)若字符数组元素的个数与初值个数相同,可在定义时省略说明长度,系统会根据初值确定长度。如:

char c[ ]={'H','e','l','l','o'};

系统将自动定义字符数组 c 的长度为 5。

【例 7.7】编写程序输出"I am a student"。

【分析】定义字符数组时初始化,然后用 for 循环控制输出字符。

程序如下:

```c
#include <stdio.h>
int main()
{
    char c[ ]={'I',' ','a','m',' ','a',' ','s','t','u','d','e','n','t'};
    int i;
    for(i=0;i<14;i++)
        printf("%c",c[i]);
    printf("\n");
    return 0;
}
```

思考:如何将字符序列逆序输出?

7.3.2　字符串及其存储结构

在 C 语言中,用字符数组存放字符串。如果将 Hello 看成一个字符串,可以用两种方法来存放它。

(1)按单个字符的方式赋初值。

如:char c[ ]={'H','e','l','l','o','\0'};

注意:'\0' 表示字符串结束的标识符,不能少。所以字符数组的长度至少比字符串的长度大 1。

(2)用字符串常量赋初值。

如:　char c[]={"Hello"};

或者:char c[]="Hello";

C 语言编译器会自动将字符串结束标识 '\0' 添加到字符串的结尾。

字符串在内存的存储如图 7-4 所示。

c[0]	c[1]	c[2]	c[3]	c[4]	c[5]
H	e	l	l	o	\0

图 7-4　字符数组 c 存放字符串示意图

二维数组可以存放多个字符串,第一个下标决定字符串的个数,第二个下标决定字符串的长度。如:

char str[3][5]={"abc","123","defg"};

二维字符数组 str 存放了三个字符串:"abc","123","defg";它们在内存中存储如图 7-5 所示。

注意:二维数组第二个下标的值至少比最长字符串的长度大 1。

7.3.3　字符串处理函数

C 语言函数库中提供了字符串处理函数,这些函数定义在 string.h 库文件中,用户可以

a	b	c	\0	\0
1	2	3	\0	\0
d	e	f	g	\0

图 7-5　二维字符数组 str 的元素存储分配示意图

使用预编译命令♯include "string.h"将文件 string.h 包含到程序中,直接引用字符串函数。
下面介绍几种常用的函数。

1.测字符串长度函数 strlen

函数调用一般形式:strlen(字符数组名)

功能:返回括号内字符串实际长度,不包括 '\0' 在内。例如:

```
char str[10]={"good"};
printf("%d",strlen(str));
```

输出结果为 4,而不是 10。该函数也可以输出字符串常量的长度。如:

```
printf("%d  %d", strlen("nice"),strlen("nice\0boy\0"));
```

输出结果为:4　　4

注意:当字符串中有多个 '\0' 时,只计算第一个 '\0' 之前的字符数据长度。

2.字符串连接函数 strcat

函数调用一般形式:strcat(字符数组 1,字符数组 2)

功能:将字符数组 2 连接到字符数组 1 的后面,结果存放在字符数组 1 中。同时删去字
符串 1 后的结束标志 '\0',组成新的字符串 1。例如:

```
char str1[12]= "Good  ";
char str2[4]= "Job";
printf("%s",strcat(str1,str2));
```

输出结果为:Good　Job

连接前后的存储情况如图 7-6 所示。

图 7-6　字符串连接

注意:第一个字符串定义的长度要大于连接后字符串的总长度。

3.字符串复制函数 strcpy

函数调用一般形式:strcpy(字符数组 1,字符串 2)

功能:把字符数组 2 中的字符复制到字符数组 1 中。例如:

char c1[10],c2[10]＝"ok";

strcpy(c1,c2);

将 c2 字符串复制到 c1 字符数组中,则 c1 字符数组中的内容为"ok"。

注意:

（1）字符数组 1 必须写成数组名的形式，字符串 2 可以是字符数组名，也可以是字符串常量。

（2）字符数组 1 的长度要大于字符串 2 的实际长度，复制时连同 '\0' 一同复制过去。

（3）不能用赋值语句将一个字符串赋值给一个字符数组。例如，c1＝c2 的写法是错误的。

4. 字符串比较函数 strcmp

函数调用一般形式：strcmp(字符串 1，字符串 2)

功能：将字符串 1 和字符串 2 从左向右逐个字符（按 ASCII 码值的大小）比较，直到出现不同字符或遇到 '\0' 为止。

（1）如果字符串 1＝字符串 2，则函数值为 0；

（2）如果字符串 1＞字符串 2，则函数值为一个正整数；

（3）如果字符串 1＜字符串 2，则函数值为一个负整数。

例如：

```
str1= "who";
str2= "what";
strcmp(str1,str2);
```

两个字符串中前两个字符相同，第三个字符不同，且 'o'＞'a'，所以该函数值为一个正整数。

注意：不能把两个字符串直接比较大小，如 str1＞str2 是不合法的。

5. 字符串小写函数 strlwr

函数调用一般形式：strlwr(字符串)

功能：将字符串中的大写字母转换为小写字母。

如：strlwr("ABCdef")＝"abcdef";

6. 字符串大写函数 strupr

函数调用一般形式：strupr(字符串)

功能：将字符串中的小写字母转换为大写字母。

如：strupr("ABCdef")＝"ABCDEF";

7.4　数组作为函数的参数

单个数组元素可以作为函数实参，其用法与简单变量相同。数组名既可以作为函数的实参，还可以作为函数的形参，传递的是数组的起始地址。

7.4.1　用数组元素作函数实参

数组元素作为函数的实参，是将数组元素的值传送给同类型的形参变量，实现单向的值传递。

【例 7.8】分析程序的运行结果。

```
#include <stdio.h>
void swap(int x,int y)
{
    int k;
```

```
        k=x;x=y;y=k;        /* 交换 x,y 两个变量的值*/
}
int main()
{
    int a[2]={4,5};
    swap(a[0],a[1]);
    printf("函数调用后,数组元素的值为:\n");
    printf("a[0]=%d\na[1]=%d\n",a[0],a[1]);
}
```

程序运行的结果:

```
    a[0]=4
    a[1]=5
```

调用函数 swap 时,将 a[0]的值 4 和 a[1]的值 5 分别复制给形参 x 和 y,实参与形参断开联系,在子函数 swap 中 x 和 y 的值发生了变化,但不会影响数组元素 a[0]和 a[1]。

7.4.2　用数组名作函数参数

数组名代表整个数组的起始地址,所以当数组名作为函数参数时,是采用"地址传递"方式。这时,形参数组的数组名与实参数组的数组名的地址相同,在内存中占据相同的存储区域。当形参数组中某一元素发生改变时,相对应实参数组元素也将发生改变。

【例 7.9】分析程序结果。

```
#include <stdio.h>
void add2(int x[],int n)
{
    int i;
    for(i=0;i<n;i++)
        x[i]*=2;
}
int main()
{
    int a[4]={4,5,6,7};
    add2(a,4);
    printf("函数调用后,数组元素的值为:\n");
    printf("a[0]=%d a[1]=%d a[2]=%d a[3]=%d\n",a[0],a[1],a[2],a[3]);
}
```

程序的运行结果:

```
    函数调用后,数组元素的值为:
    a[0]=8  a[1]=10  a[2]=12  a[3]=14
```

注意:

(1)形参数组和实参数组类型必须一致,否则出错。

(2)在函数形参表中,允许不给出形参数组的长度,或用另一个简单变量来存储数组元素的个数。

```
    void add2(int x[])
```

或写为：

void add2(int x[],int n)

n 的值由主调函数的实参进行传递。

（3）形参数组和实参数组长度可以不相同，因为在调用时，只传递首地址而不检查形参数组的长度。

7.4.3　用二维数组名作函数参数

当二维数组名作为函数实参时，同样是将二维数组的起始地址传递给同类型的形参数组。这时形参数组的第一维大小可以省略，第二维大小不能省略且必须与实参数组的第二维大小相同。如：

void Func(int a[3][10])；

void Func(int a[][10])；

二者都是合法而且等价，但下面的定义是不合法的：

void Func(int a[][])；

【例 7.10】将矩阵中的每个元素加 3。

```
# include < stdio.h>
void add3(int b[][4],int n)
{
    int i,j;
    for(i=0;i<n;i++)
        for(j=0;j<4;j++)
            b[i][j]+=3;
}
void main()
{
    int i,j,s,a[4][4]={{1,3,5,7},{2,4,6,8},{0,4,6,9},{3,6,4,1}};
    add3 (a,4);
    for(i=0;i<4;i++)
    {    for(j=0;j<4;j++)
            printf("%d  ",a[i][j]);
        printf("\n");
    }
}
```

程序运行结果为：

```
4 6 8 10
5 7 9 11
3 7 9 12
6 9 7 4
```

7.5　数组程序举例

【例 7.11】用选择排序法对 n(n＝10)个整数从小到大排序。

选择排序的基本思想:第 1 趟,在待排序数据 a[1]~a[n]中选出最小的数,将它与 a[1] 交换;第 2 趟,在待排序记录 a[2]~a[n]中选出最小的数,将它与 a[2]交换;以此类推,第 i 趟在待排序记录 a[i]~a[n]中选出最小的数,将它与 a[i]交换,使有序序列不断增长直到全部排序完毕。现以 5 个数(8　7　9　3　4)的排序来说明:

第一轮选择出 3,将它与 8 交换位置,得到新的序列:3　7　9　8　4

第二轮选择出 4,将它与 7 交换位置,得到新的序列:3　4　9　8　7

第三轮选择出 7,将它与 9 交换位置,得到新的序列:3　4　7　8　9

第四轮选择出 8,无须交换位置,序列不变:3　4　7　8　9

五个数,进行四轮选择并交换位置,就可以得出相应的序列。

程序代码如下:

```c
#include <stdio.h>
int main()
{
    int i,j,min,t,a[10];                    /* 假设为 10 个整数 */
    for(i=0;i<10;i++)
        scanf("%d",&a[i]);
    for(i=0;i<9;i++)
    {   min=i;
        for(j=i+1;j<10;j++)                 /* 找出本轮最小数所在下标 */
            if(a[j]<a[min])  min= j;
        if(min!=i)  {t=a[min]; a[min]=a[i]; a[i]=t;}
    }
    for(i=0;i<10;i++)
        printf("%d  ",a[i]);
    return 0;
}
```

思考:用选择法对 n 个数据进行从大到小排序?

【例 7.12】在二维数组 a 中选出各行最大的元素组成一个一维数组 b。

如:a[][4]={{10,19,87,35},{ 7,37,41,108},{ 20,21,19,37}}

则:b[3]={87,108,37}

程序代码如下:

```c
#include <stdio.h>
void main()
{
    int a[][4]={{10,19,87,35},{ 7,37,41,108},{ 20,21,19,37}};
    int b[4],i,j,p;
    for(i=0;i<=2;i++){
        p=a[i][0];
    for(j=1;j<=3;j++)if(a[i][j]>p)p=a[i][j];
    b[i]=p;
    }
    printf("\narray a:\n");
```

```
    for(i=0;i<=2;i++){
        for(j=0;j<=3;j++)
            printf("%5d",a[i][j]);
        printf("\n");
    }
    printf("\narray b:\n");
    for(i=0;i<=2;i++)
        printf("%5d",b[i]);
    printf("\n");
}
```

【例 7.13】编写一个程序，从键盘上输入一个字符串，分别统计大写字母、小写字母、数字字符的个数。

【分析】设字符数组 a[N]用于保存输入的字符串，设 nd、nx 和 ns 分别统计大写字母、小写字母、数字字符的个数；将字符数组中每个字符与大写字母 A～Z、小写字母 a～z、数字字符 0～9 进行比较运算，用变量 nd、nx 和 ns 计数。

程序代码如下：

```
#include <stdio.h>
#define N 50
void main()
{
    char a[N];
    int i=0,nd=0,nx=0,ns=0;
    printf("输入一个字符串:");
    scanf("%s",a);
    while(a[i])
    {
        if(a[i]>='A' && a[i]<='Z')    nd++;
        else if(a[i]>='a' && a[i]<='z')    nx++;
        else if(a[i]>='0' && a[i]<='9')    ns++;
        i++;
    }
    printf("大写字母个数:%d\n",nd);
    printf("小写字母个数:%d\n",nx);
    printf("数字字符个数:%d\n",ns);
}
```

【例 7.14】输入若干个地区名，然后在其中查找指定的地区。

【分析】将输入的若干个地区名用二维字符数组存储，然后使用标准函数 strcmp()进行查找匹配。

程序代码如下：

```
#include <stdio.h>
#include <string.h>
#define N 5
int main()
```

```
{
    char s[10],city[N][10];
    int i;
    printf("输入%d个地区名称:\n",N);
    for(i=0;i<N;i++)
        scanf("%s", city[i]);
    printf("要查找的地区名:");
        scanf("%s",s);
    for(i=0;i<N;i++)
        if(strcmp(city[i],s)==0)   break;
    if(i<N)   printf("查找到此地区\n");
    else printf("查无此地! \n");
    return 0;
}
```

运行结果为:

　　　　输入5个地区名称:Changsha　Chengdu　Hengyang　Shanghai　Beijing
　　　　要查找的地区名:Changsha
　　　　查找到此地区

7.6　常见错误及改正方法

数组的常见错误及改正方法如下:

(1)定义时错误。

如:int a(4);

圆括号应改为方括号:int a[4];

(2)初始化数组时出错误。

如:int a[4]={1,2,3,4,5};

初始化数组时,数据的个数大于数组的大小。

可改成:int a[4]={1,2,3,4};

或者:int a[5]={1,2,3,4,5};

(3)数组的下标超出范围。

如下面代码:

int a[4];

a[4]=4;

a数组大小为4,最小下标为0,最大下标为3,a[4]数组元素不存在。

(4)数组输出没用循环语句。

如:

int a[4]= {1,2,3,4};

printf("%d",a[4]);

数组元素的输出应该和循环语句结合在一起使用,逐个输出数组元素,可改成:

int i,a[4]= {1,2,3,4};

for(i=0;i<4;i++)

```
        printf("%d",a[i]);
```

(5)字符数组名就是字符数组首地址。

如：

```
char s[4];
scanf("%s",&s);
```

应该改成：

```
char s[4];
scanf(%s,s);
```

习　题　7

一、选择题

1.以下能正确定义一维数组的选项是(　　　)。

A int sum[]; 　　　　　　　　　　　　B ♯define　N　20

　　　　　　　　　　　　　　　　　　　　int sum[N];

C int sum[0,20]; 　　　　　　　　　　D int　N=20;

　　　　　　　　　　　　　　　　　　　　int sum[N];

2.若有以下说明：

```
int   a[10]={1,2,3,4,5,6,7,8,9,10};
char c='a',d,g;
```

则数值为 4 的表达式是(　　　)。

A a[g−c] 　　　　　　B a[4] 　　　　　　C a['d'−'c'] 　　　D a['d'−c]

3.执行下面的程序段后,变量 k 的值为(　　　)。

```
int k=3,s[2];
s[0]=k;k=s[1]*10;
```

A 不定值 　　　　　　B 33 　　　　　　C 30 　　　　　　D 10

4.以下不能正确定义二维数组的是(　　　)。

A int a[2][2]={{1},{2}}; 　　　　　　B int a[][2]={1,2,3,4};

C int a[2][2]={{1},2,3}; 　　　　　　D int a[2][]={{1,2},{3,4}};

5.下述程序的输出结果是(　　　)。

```
main()
{   int   a[4][4]={{1,3,5},{2,4,6},{3,5,7}};
    printf("%d%d%d%d\n",a[0][3],a[1][2],a[2][1],a[3][0]);
}
```

A 0650 　　　　　　B 1470 　　　　　　C 5430 　　　　　　D 输出值不定

6.当执行下面的程序时,如果输入 ABC,则输出结果是(　　　)。

```
#include "stdio.h"
#include "string.h"
main()
{   char ss[10]={'1','2','3','4','5'};
```

```
        gets(ss);strcat(ss,"6789");printf("%s\n",ss);
    }
```
A ABC6789　　　　　　B ABC67　　　　　　C 12345ABC6　　　D ABC456789

7.有以下程序
```
# include "stdio.h"
int fun(int x[], int n )
{    static   int sum=0, i;
     for(i=0; i<n; i++) sum+=x[i];
     return   sum;
}
main()
{    int a[]={1,2,3,4,5}, b[]={6,7,8,9}, s=0;
     s= fun(a,5)+ fun(b,4);
     printf("%d\n", s);
}
```
程序运行后输出的结果是(　　　　)。
A 45　　　　　　　　B 50　　　　　　　C 60　　　　　　　D 55

二、填空题

1.下面程序以每行 4 个数据的形式输出 a 数组,请填空。
```
#define   N   20
main()
{    int   a[N],i;
     for(i=0;i<N;i++ )
          scanf("%d",【1】);
     for(i=0;i<N;i++ )
     {   if(【2】)
         【3】;
         printf("%3d",a[i]);
     }
     printf("\n");
}
```

2.以下程序可求出所有的水仙花数,请填空。
```
main()
{    int   x,y,z,a[8],m,i=0;
     printf("The special number are:\n");
     for(【4】;   m++)
     {   x=m/100;
         y=【5】;
         z=m%10;
         if(x*100+y*10+z==x*x*x+y*y*y+z*z*z)
         {   【6】;
```

```
                i++;
            }
        }
        for(x=0;x<i;x++)
            printf("%6d",a[x]);
    }
```

3. 设数组 a 包括 10 个整型元素。下面程序的功能是求出 a 中各相邻两个元素的和,并将这些和存在数组 b 中,按每行 3 个元素的形式输出,请填空。

```
main()
{   int  a[10],b[10],i;
    for(i=0;i<10;i++)
        scanf("%d",&a[i]);
    for(【7】;i<10;i++)
        【8】;
    for(i=1;i<10;i++)
    {   printf("%3d",b[i]);
        if(【9】==0) printf("\n");
    }
}
```

三、程序分析题

1. 当从键盘输入 18 并回车后,下面程序的运行结果是_____。

```
main()
{   int x,y,i,a[8],j,u;
    scanf("%d",&x);
    y=x;i=0;
    do
    {   u=y/2;
        a[i]=y%2;
        i++;y=u;
    }while(y>=1);
    for(j=i-1;j>=0;j--)
        printf("%d",a[j]);
}
```

2. 下列程序执行后的输出结果是_____。

```
main()
{
    int n[5]={0,0,0},i,k=2;
    for(i=0;i<k;i++)
    {
        printf("%d\n",n[k]);
    }
}
```

```
}
```

3. 以下程序的输出结果是_____。

```
main()
{
    int i, a[10];
    for(i=9;i>=0;i--)a[i]=10-i;
        printf("%d%d%d",a[2],a[5],a[8]);
}
```

4. 下面程序的运行结果是_____。

```
#include <stdio.h>
#include <string.h>
main()
{    char a[7]="abcdef";
     char b[5]="ABCD";
     strcpy(a,b);
     printf("%c",a[5]);
}
```

四、编程题

1. 从键盘输入若干整数(数据个数应少于50),其值在0到4的范围,用−1作为输入的结束标志。统计每个整数的个数。

2. 通过循环按行顺序给一个5×5的二维数组a赋予1到25的自然数,然后输出该数组的左下半三角形。

3. 写一个程序,输入一行字符,将此字符串中最长的单词输出。

4. 写一个函数,使输入的一个字符串按反序存放,在主函数中输入和输出字符串。

5. 用递归法将一个整数n转换成字符串,例如输入483,应输出字符串"483"。n的位数不确定,可以是任意位数的整数。

第8章 指　针

内容提要

指针是 C 语言的"灵魂",它是 C 语言中最复杂的一种数据类型。使用指针的目的是提高程序运行效率,原因是运用指针可以有效描述复杂的数据结构(例如二叉树、链表);可以动态分配内存;在数据传递时,通过传递地址避免不断进行实际数据的传递;可以改变传递给函数的参数的值;可以更加有效地处理数组。正是因为强大而灵活的指针功能,使得指针成为 C 语言区别于其他程序设计语言的重要特点。

在 C 语言的学习中,指针的运用被认为是最大的难点。不恰当地使用指针,会使程序错误百出,甚至导致系统崩溃。因此,必须充分理解和全面掌握指针的概念和使用特点。

(1)知识点:理解地址和指针的概念;掌握指针变量的定义、初始化和指针运算。掌握一维数组与指针、二维数组与指针、字符串与指针、指针与函数的关系。争取运用指针提高运行效率。

(2)难点:指针数据类型的理解;二维数组的地址和指针的关系;字符数组与字符指针的区别和联系;指向数组的指针与指针数组的区别。

8.1　指针的概念

指针通过"间接"的方法来存取变量的数值。正如第 2 章讲到的那样,变量被保存在计算机内存的某个位置。为了标记变量在内存中的具体位置,C 语言给这些位置分配了地址。指针存放的是这个变量在内存中的地址。通过指针可以找到以它为地址的内存单元。就像生活中写邮件,邮件上写的是邮寄地址,通过邮寄地址找到对应的房子。

1.变量在内存单元中的地址

在计算机内存中,往往用字节表示一个内存单元,每一个存储单元都有一个唯一的编号,这个编号就是该存储单元的地址。如果在程序中定义了一个变量,那么编译系统就为这个变量分配一定数量的内存单元,在 64 位操作系统、VC++ 2010 Express 的环境中,一个字符型(即 char 型)的变量分配 1 个字节的存储空间,整型变量(即 int 型)分配 4 个字节的存储空间,单精度浮点型变量(即 float 型)分配 4 个字节的存储空间,双精度浮点型(即 double 型)分配 8 个字节的存储空间。C 语言中规定,变量的内存地址是该变量的存储空间的第一个内存单元的地址。

例 8.1 程序中第 4~6 行声明了 3 个整型变量 i、j 和 k(分别初始化为 1,2,5),对变量使用 & 运算符,可以取得该变量的地址。编译时系统分配 0x17ff10、0x17ff11、0x17ff12、0x17ff13 这 4 个字节给变量 i(存放了数据 1),0x17ff14、0x17ff15、0x17ff16、0x17ff17 给 j(存放了数据 2),0x17ff18、0x17ff19、0x17ff20、0x17ff21 给 k(存放了数据 5),如图 8-1 所示。那么变量 i 的地址是 0x17ff10,变量 j 的地址是 0x17ff14,变量 k 的地址是 0x17ff18。需要注意的是,内存单元的地址与内存单元中的数据是两个完全不同的概念。这里内存单元、地址、数据,可以类比为房子、门牌号码、住户。结合图 8-1,可以看出两点:①地址起到了一个指向作用;②地址中还隐含有这个变量的类型信息。

【例8.1】输出变量的地址。

```
#include <stdio.h>
int main()
{
    int i =1;
    int j =2;
    int k =5;
    int *pointer_i =&i;              //将 i 的地址赋给 point_i
    int *pointer_j =&j;
    int *pointer_k =&k;
    printf("%# x\t", &i);           //输出每个变量的地址
    printf("%# x\t", &j);
    printf("%# x\t", &k);
    printf("%# x\t", pointer_i);    //通过 pointer_i 输出 i 的内容
    *pointer_i =10;                 //通过 pointer_i 修改 i 的内容
    printf("%d\n", i);
    system("pause");
    return 0;
}
```

该程序段的运行结果:

```
0x17ff10   0x17ff14   0x17ff18   10
```

图 8-1　变量的保存状况

2. 内存单元中数据的存取

C语言中,读取内存单元中的数据有两种方式:直接访问和间接访问。

(1)直接访问。直接访问是根据变量的地址来存取变量的值,类似于直接从相应编号的邮箱中取出里面的邮件一样。例如,使用 printf 函数输出变量 i 的值:

```
printf("%d\n",i);
```

根据变量名和地址的对应关系找到变量 i 的地址 0x17ff10,从该地址开始的 4 个字节中取出 i 的值 1,然后执行 printf 将结果输出至屏幕上。

(2)间接访问。间接访问就是将变量 i 的地址放到另一个变量 l 中。也就是说,这个变量 l 存放的值是变量 i 的地址,系统也要为变量 l 本身分配内存单元。同样以取邮件的例子来做类比,间接内存单元访问类似于,首先从相应编号的邮箱里取出信件,根据这封信件的内容找到目的邮箱的编号,再从目的邮箱中取出我们想要的信件。

8.2　指　针　变　量

其实,"指针"就是"地址"。"指针变量"用来指向另一个变量,是专门用来存放变量的地址的变量。例 8.1 中定义了 3 个指针 pointer_i, pointer_j, pointer_k,分别指向 i,j 和 k。由于一个变量的地址(指针)还隐含有这个变量的类型信息,所以不能随意把一个地址存放到任何一个指针变量里去。可见,指针变量也应该有自己的类型,这个类型与存放在它里面的地址所隐含的类型应相同。

本节将介绍指针的定义、引用和初始化。重点讲述:如何定义一个指向变量的指针变量? 如何理解指针变量与变量之间的关系? 如何理解指针之间的运算?

8.2.1　指针变量的定义和初始化

定义格式

类型标识符　∗ 指针变量名[=指针表达式];

与一般变量的定义相比,除变量名前多了一个星号"∗"(指针变量的定义标识符)外,其他部分是一样的,对指针变量的类型说明如下:

(1)指针变量的定义标识符是"∗",它用来定义变量为一个指针变量,不可省略;在 ∗ 和指针变量名之间可以有空格,也可以没有空格。

(2)指针变量名可以是任意 C 语言合法的标识符。

(3)"数据类型"是指该指针变量指向的变量的数据类型。

例如:

```
int *pointer_i;                    //定义一个指向整型值的指针变量 pointer_i
```

int 是数据类型名,说明 pointer_i 只能存放 int 类型变量的地址。在 VC++ 6.0 的环境中,每个指针变量占用 4 个字节的存储空间,用来存储所指向对象的地址。

任意一个指针变量都要遵循"先定义,再初始化后使用"的原则,在使用前必须先定义,指定其类型编译器,再据此为其分配内存单元,否则系统会让指针指向一个随机的内存单元,如果该地址正被系统使用着,那么会带来很大的灾难。

指针变量初始化就是赋予一个初始的地址值。例如,下面的语句定义了一个字符型指针变量 pointer_ch,pointer_ch 指向字符变量 ch:

```
        char ch;
        char *pointer_ch=&ch;
```

指针可以初始化为 0、NULL 或者一个空指针。在 C 语言中,指针类型也是一种数据类型。void ∗ 是一个特殊的类型关键字,它只能用来定义指针变量,表示该指针变量无类型;或者只指向一个存储单元,不指向任何具体的数据类型。

需要注意的是,不能把一个数据赋给指针变量,例如:int ∗ pointer_i ＝1000;

8.2.2　指针运算符(& 和 ∗)

指针运算符主要包括取地址运算符"&"和取内容运算符"∗"。

1.取地址运算符"&"

取地址运算符"&"的功能是取变量的地址,返回操作对象在内存中的存储地址。例如

&i 表示取变量 i 的地址。& 只能用于一个具体的变量或者数组元素,而不能是表达式或者常量。

取地址运算符的一般格式是:

& 变量名

例如

```
pointer_ch = &ch;          //将变量 ch 的地址赋给指针变量 pointer_ch
pointer_i = &i;            //将变量 i 的地址赋给指针变量 pointer_i
pointer_p = &p;            //将变量 p 的地址赋给指针变量 pointer_p
```

指针变量只能存放指针(地址),且只能是相同类型变量的地址。上面的例子当中指针变量 pointer_i、pointer_ch,只能分别接收 int 型、char 型变量的地址,否则就会出错。

2. 取内容运算符" ∗ "

取内容运算符" ∗ "在这里并不是乘号,而是用来表示指针变量所指存储单元中的内容。在" ∗ "运算符之后的变量必须是指针变量。

取内容运算符的一般格式是:

∗变量名

例如:

```
char ch, *pointer_ch; //定义了一个字符的变量 ch 和一个指向字符型变量的指针变量 pointer_ch
int i, *pointer_i;      //定义一个整型变量 i 和一个指向整型变量的指针变量 pointer_i
pointer_ch=&ch;         //将变量 ch 的地址赋给指针变量 pointer_ch
pointer_i=&i;           //将变量 i 的地址赋给指针变量 pointer_i
*pointer_ch = 'b';      //将 b 存储在 pointer_ch 所指向的地址中,也就是 ch 的地址
*pointer_i=8;           //将 8 存储在 pointer_i 所指向的地址中,也就是 i 的地址
```

其中,语句 *pointer_i = 8 和 *pointer_ch = 'b' 的效果分别等价与 i=8 和 ch='b'。需要注意的是,取地址运算符"&"是单目运算符,其结合性为自右至左。取内容运算符" ∗ "也是单目运算符,其结合性同样为自右至左。例如, ∗ &i 的结果仍为 i。这是因为,按照 ∗ 和 & 的运算规则,它们属于同一优先级,并且其结合性都是从右至左;所以先进行 & 运算,取出 i 的地址,再进行 ∗ 运算,访问该地址所指向的对象 i,因此整个运算结果仍为 i。同样,& ∗i 的结果仍为 i。

另外,指针运算符" ∗ "和指针变量说明中的指针说明符" ∗ "不同。在指针变量说明中," ∗ "是类型说明符,表示其后的变量是指针类型的变量。表达式中出现的" ∗ "则是一个运算符,用以表示指针变量所指的变量。

8.2.3 指针变量的赋值

对指针变量进行赋值的目的是使指针指向一个具体的对象。主要有以下三种情况。

(1)通过取地址运算符(&)把一个变量的地址赋给指针变量。

(2)同类型指针变量之间可以直接赋值,可以把一个指针变量的值赋给另一个指针变量。

例如:

```
int i;
int *pointer_int1, *pointer_int2;    //定义了两个指向整型变量的指针 pointer_int1 和
                                       pointer_int2
```

pointer_int1=&i;　　　　　　//将指针变量 pointer_int1 初始化为变量 i 的地址

pointer_int2=pointer_int1; // 通过赋值将指针变量 pointer_int1 的值赋予 pointer_int2

　　执行以上语句后,指针变量 pointer_int1 和 pointer_int2 同时指向了变量 i。

　　(3)给指针变量赋空值。因为指针变量必须要在使用前进行初始化,当指针变量没有指向的对象时,也可以给指针变量赋 NULL 值。此值为空值,表示该指针变量是一个空指针,没有指向任何对象。

　　例如:

int*pointer_int;

pointer_int=NULL;　　// 表示指针变量 pointer_int 的值为空

【例 8.2】通过指针判断两个数中的较大者。

```
# include <stdio.h>
int main()
{    int i, j, temp_max, *p_i, *p_j, *p_max;
     p_i=&i;                                    //对 3 个指针变量进行初始化
     p_j=&j;
     p_max =&temp_max;
     scanf("%d%d",p_i, p_j);                    //输入两个整数,依次存入变量 i,j
     *p_max =*p_i;
     if(*p_max<*p_j)
         *p_max=*p_j;   //若变量 j 的数值比 temp_max 大,通过使用指针将其放入变量 temp
                         _max
     printf("The max value is:%d\n",temp_max);  //输出变量 temp_max 的值
     system("pause");
     return 0;
}
```

当运行程序时输入:

　　　　30　　20

程序运行结果为:

　　The max values is:30

8.3　指针的运算

　　对于指针变量,允许的运算主要有指针与整数的加减运算、两个指针变量相减。指针变量进行运算主要用在数组当中。

1.指针与整数之间进行加减运算

　　指针与整数之间进行加减运算,称为"移动指针",具体是指,当指针指向某个存储单元时,通过对指针变量加减一个整数,使指针指向相邻的存储单元。指针的加法(减法)运算,实际上加(减)的是一个单位,单位的大小即为该指针变量类型占用的字节数。例如,pointer+i 代表这样的地址计算:pointer+i * size,当 pointer 为字符型指针时,size 为 1 个字节;pointer 为整型指针时,size 为 4 个字节;size 为浮点型指针时,size 为 8 个字节。

　　例如:

char*p_ch;　　　　// 定义一个指向字符型变量的指针变量

```
int *p_int;          //定义一个指向整型变量的指针变量
double *p_double;    //定义一个指向浮点型变量的指针变量
```

我们假设 p_ch、p_int、p_double 的初始地址值分别是 0x17ff10、0x17ff20 和 0x17ff62，进行下列运算：

```
p_ch++;
p_int+=5;
p_double-=5;
```

这时 p_ch、p_int、p_double 的地址值分别是 0x17ff11(0x17ff10+1×1=0x17ff11)、0x17ff40(0x17ff20+5×4=0x17ff40) 和 0x17ff22(0x17ff62−5×8=0x17ff22)。

通过移动指针可以获取相邻存储单元的值，特别是在使用数组时，"移动指针"发挥了很大作用。例如：

```
int a[8]={3,4,5,6,7,8,9,10}    //定义一个含有 8 个元素的整型数组
int *p_int1,*p_int2;           //定义两个指向整型变量的指针变量
p_int1=&a[0];                  //对 p_int1 初始化，使它指向数组的第一个元素
p_int2=NULL;                   //对 p_int2 初始化为空指针
p_int2=p_int1+7;               //p_int2 指向 a[7]
p_int1++;                      //使 p_int1 指向 a[1]
```

指针变量与数组元素刚开始的关系如图 8-2(a)所示。执行完后面两条语句之后，指针变量与数组元素的位置关系如图 8-2(b)所示。

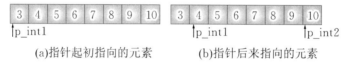

(a)指针起初指向的元素   (b)指针后来指向的元素

图 8-2   指针的移动

2.两个指针变量相减

两个指针变量之间可以相减，但不可以相加，而且两个同一类型的指针变量才可以相减。在数组的使用中，指针变量相减，表示两个指针指向的内存位置之间相隔多少个元素。需要注意，相减的结果是元素，不是字节数；实际上是两个指针值(地址)相减之差再除以元素的长度(字节数)。

例如，在图 8-2(b)中，p_int1 和 p_int2 是指向同一整型数组的两个指针变量，p_int1 指向的是元素 a[1]，p_int2 指向的是元素 a[7]，设 a[1] 和 a[7] 的地址分别是 0x17ff10 和 0x17ff34，即 p_int1 和 p_int2 的值分别是 0x17ff10 和 0x17ff34，那么，p_int2−p_int1 的结果是(0x17ff34−0x17ff10)÷4=6(一个整型元素占 4 个字节的内存)，即两个指针相隔的元素个数是 6 个。

8.4   指针与数组

在 C 语言中指针与数组的关系密切相关。因为数组中的元素在内存中是连续储存的，所以任何用数组下标完成的操作都可以通过指针的移动来实现。

8.4.1　指针与一维数组

1.指向数组元素的指针变量

在 C 语言中,数组名代表数组的地址。数组的地址是指数组在内存中的起始地址。一个数组由连续的一块内存单元组成。数组在内存中的起始地址,也就是数组中第一个元素(即序号为 0 的元素)的地址。每个数组元素按其类型不同占有几个连续的内存单元。一个数组元素的地址也是指它所占有的几个内存单元的首地址。

一个指针变量既可以指向一个数组,也可以指向一个数组元素。例如:

```
int array[6]={0,1,2,3,4,5};        //定义 1 个包含 6 个元素的整型数组 array
int *pt, *pt1,*pt2                 //定义 3 个指向整型变量的指针变量 pt、pt1 和 pt2
pt=array;   //指针变量 pt 指向数组 array,现在 pt 的值为数组 array 的首地址,即 array[0]的地
址:& array[0]
pt1=&array[0];                     //指针变量 pt1 指向数组的第一个元素 array[0]
pt2=&array[2];                     //指针变量 pt2 指向数组的第三个元素 array[2]
```

注意:由于数组名就是代表数组的首地址,也就是第一个元素(array[0])的地址,所以pt=array 与 pt=&array[0]是等价的。因此上述代码运行后,指针变量 pt 和 pt1 均是指向array[0]。

2.数组元素的引用

通过对指针变量加减一个整数,可以使指针指向相邻的储存单元。它是以所指向的变量所占的内存单元的字节数为单位进行加减的。另外,由于数组名也是一个地址,因此也可以给数组名加上一个整数,并且赋予一个指针变量。

例如:

```
int array[6],*pt,*pt1, *pt2, *pt3 ;
pt=array;
ptl=array+3;
pt2=&array[3];
pt3=pt+3;   //pt1,pt2,pt3 都是指向 array[3]
```

上面的例题中,pt+3、&array[3]、array+3 都是 array[3]的地址,即指针变量 pt1、pt2、和 pt3 都指向 array 数组的第 3 个元素,如图 8-3 所示。类似地,可以推知,*(pt+3)和*(array+3)就是 array[3]。

在引入了 pt=array 的赋值方式之后,指向数组的指针变量也可以带下标,如 pt[i]与*(pt+i)是等价的。这样,一维数组元素的引用可以有 4 种表示方法:① array[i];② *(array+i);③ *(pt+i);④pt[i]。这 4 种表示方法都引用了数组 array 中的第 i+1 个元素(array[i])。上面 4 种表示方法可以分为两类,其中①和④可以归类为"下标法",②和③可以归类为"指针法"。

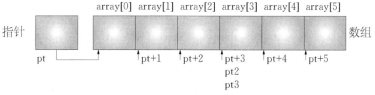

图 8-3　指向数组的指针

【例8.3】输出数组的元素(使用不同的引用方法)。

```
#include <stdio.h>
int main ()
{    int array[9]={0,1,2,3,4,5,6,7,8};        //定义一个含 9 个元素的整型数组
     int *pointer=array;                       //定义一个指向整型变量的指针变量
     int i;
     for (i=0;i<9;i++)
         printf("%d",array[i]);                //使用 array[i]引用数组元素的值
     printf ("\n");
     for (i=0;i<9;i++)
         printf ("%d", *(array+ i));           //使用 *(array+ i)引用数组元素的值
     printf ("\n");
     for (i=0;i<9;i++)
         printf ("%d", pointer[i]);            //使用 pointer[i]引用数组元素的值
     printf ("\n");
     for (i=0;i<9;i++)
         printf("%d", *(pointer+ i));          //使用 *(pointer+ i)引用数组元素的值
     printf ("\n");
     system("pause");
     return 0;
}
```

程序的运行结果如下:

```
012345678
012345678
012345678
012345678
```

【分析】第 1 个 for 循环通过 array[i]来引用数组元素;第 2 个 for 循环通过 *(array+i)来引用数组元素;第 3 个 for 循环通过 pointer[i]来引用数组元素;第 4 个 for 循环通过 *(pointer+i)来引用数组元素。

【例8.4】假设有一个整型数组 array,有 9 个元素,通过移动指针依次输入数组元素的值,最后输出各元素的值。

程序代码:

```
#include <stdio.h>
int main ()
{    int array[9];                             //定义一个含有 9 个元素的整型数组
     int *pointer=array;                       //定义一个指向整型数组的指针变量
     int i;
     for (i=0; i<9; i++)
         scanf("%d", pointer+i);               //通过移动指针依次读入数组元素的值
     printf("\n");
     for (i=0; i<9; i++)
         printf("%d", *(pointer+i));           //通过移动指针依次输出数组元素的值
     printf("\n");
```

```
    system("pause");
    return 0;
}
```

当运行程序时输入：

　　0 1 2 3 4 5 6 7 8

程序运行结果为：

　　0 1 2 3 4 5 6 7 8

【分析】每次执行 for 循环就会执行一次 pointer ＝ pointer ＋ 1，即 pointer 指向下一个数组元素，直到数组的最后一个元素，如图 8-4 所示。

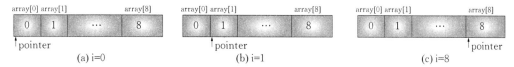

图 8-4　通过指针对数组元素进行遍历

【例 8.5】元素位置的互换。

```
# include < stdio.h>
void exchange(int * s, int n1, int n2)
{    int i, j, t;
     i=n1; j =n2;
     while(i< j)
     {    t=s[i];s[i]=s[j];s[j]=t;
          i++;
          j--;
     }
}
int main()
{    int array[10]={1, 2, 3, 4, 5, 6, 7, 8,9, 0}, k;
     exchange (array,0,3);
     exchange (array,4,9);
     exchange (array,0,9);
     for (k =0 ;k <10 ;k ++ )
         printf("%d", array[k]);
     printf ("\n");
     system("pause");
     return 0;
}
```

程序的运行结果：

　　5678901234

【分析】该程序首先一个包含 10 个整型元素的一维数组 array，并且赋初值，然后 3 次调用 exchange()函数。

（1）exchange(array，0，3)的功能是将一维数组中下标为 0 的元素和下标为 3 的元素互换，下标为 1 的元素和下标为 2 的元素互换。调用以后，array 数组的值为：

4321567890

（2）exchange(array，4，9)的功能是将一维数组中下标为 4 的元素和下标为 9 的元素互换，下标为 5 的元素和下标为 8 的元素互换，下标为 6 的元素和下标为 7 的元素互换。调用以后，array 数组的值为：

4321098765

（3）exchange(array，0，9)；的功能是将一维数组中下标为 0 的元素和下标为 9 的元素互换，下标为 1 的元素和下标为 8 的元素互换……依次类推。所以运行结果是5678901234。调用以后，array 数组的值为：

5678901234

8.4.2　指针与二维数组

1.二维数组元素的引用

如果一个一维数组的元素仍然是一个一维数组，那么该一维数组就是一个二维数组。因此，二维数组可以看成是一种的特殊的一维数组，特殊之处就在于这个数组的元素又都是一维数组，即它是以一维数组为数组元素的数组。

例如：

```
#define M 3              //定义符号常量 M
#define N 5              //定义符号常量 N
int a[M][N]={ {0,1,2,3,4},{5,6,7,8,9},{10,11,12,13,14,15}};
```

上述语句定义了一个 M 行 N 列的二维数组 a，这里 M 和 N 分别是 3 和 5。可以看成，数组 a 是由 3 个元素组成的一维数组。它们分别是 a[0]、a[1]和 a[2]，这 3 个元素又都是包含 5 个整型元素的一维数组。二维数组的组成关系如图 8-5 所示。其中，数组 a[0]包含了 a[0][0]、a[0][1]、a[0][2]、a[0][3]和 a[0][4]。数组 a[1]包含了 a[1][0]、a[1][1]、a[1][2]、a[1][3]、a[1][4]。数组 a[2]包含了 a[2][0]、a[2][1]、a[2][2]、a[2][3]、a[2][4]。二维数组在概念上是二维的，有行和列，但在内存中所有的数组元素都是连续排列的，它们之间没有"缝隙"。C 语言中的二维数组是按行排列的，也就是先存放 a[0]行，再存放 a[1]行，最后存放 a[2]行；每行中的 5 个元素也是依次存放。数组 a 为 int 类型，每个元素占用 4 个字节，整个数组共占用 $3\times(4\times5)=60$ 个字节。

二维数组名也是一个地址，其值是二维数组中第 1 个元素的地址。类似地，一维数组名 a[0]、a[1]和 a[2]也是地址。具体而言，a[0]是 a[0][0]的地址，a[1]是 a[1][0]的地址，a[2]是 a[2][0]的地址。

对二维数组名的"移动指针"运算时，表达式 a+0 即为 a[0]的地址，表达式 a+1 即为 a[1]的地址，表达式 a+2 即为 a[2]的地址。由于 a[i]包含了 5 个元素，a[i]的大小是 $4\times5=20$（设每个整型占 4 个字节）。所以，a+1 的效果是使指针 a 移动了 20 个内存单元。因此，*(a+i)就是 a[i]。

另外，对于 3 个行首地址 a[0]、a[1]和 a[2]来说，它们的"移动指针"运算与普通的一维数组名的运算是相同的。例如，a[0]+1 就是数组元素 a[0][1]的地址。

为了取数组中元素 a[i][j]的地址，一般方式是 &a[i][j]，这表示取第 i 行 j 列的元素的地址。现在我们从一维数组的角度来分析，元素 a[i][j]是一维数组 a[i]中的元素，所以要取 a[i][j]的地址，可以通过一维数组名 a[i]加上整数 j 来实现，a[i]+j 就 a[i][j]的地址。

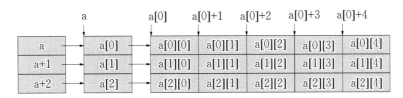

图 8-5　二维数组的组成

另外,a[i]与 * (a+i)是等价的,因此 * (a+i)+j 也是取元素 a[i][j]的地址。其次,从数组的首地址 a[0](或者 a[0][0]、a)到 a[i][j]相隔 5 * i+j 个元素,因此 a[0]+5 * i+j 也可以表示 a[i][j]的地址。综上所述,下面几种方式都是取元素 a[i][j]的地址:

(1) &a[i][j]
(2) a[i]+j
(3) * (a+ i)+j 　　取元素 a[i][j]的地址
(4) a[0]+5* i+j

可以利用二维数组元素的地址,引用相应的元素,也就是通过运算符“ * ”来取得相应变量的值,例如 * (&a[i][j])和 a[i][j]是等价的。因此,下面几种方式都是获取元素 a[i][j]:

(1) * (&a[i][j])
(2) * (a[i]+j)
(3) * (* (a+i)+j)　　获取元素 a[i][j]
(4) * (a[0]+5* i+j)
(5) (* (a+i))[j]

【例 8.6】输出二维数组的所有元素。

```c
#include <stdio.h>
int main()
{    int a[2][5]={{0,1,2,3,4},{5,6,7,8,9}};
    int i,j;
    for(i=0;i<2;i++)
    {    for(j=0;j<5;j++)
            printf("%d ",* (a[i]+j));   //输出元素 a[i][j]
        printf("\n");
    }
    system("pause");
    return 0;
}
```

程序的运行结果如下:

```
0  1  2  3  4
5  6  7  8  9
```

2. 指向二维数组元素的指针变量

指向二维数组元素的指针变量的定义与一般的指针变量的定义是相同的。例如:

```c
int a[3][4];
int *pointer;
pointer=&a[2][2];   //指针变量 pointer 指向元素 a[2][2]
```

【例 8.7】用指向二维数组的指针输出二维数组的所有元素。

```
#include <stdio.h>
int main()
{    int a[2][5]={{0,1,2,3,4},{5,6,7,8,9}};
     int *p,i;
     p=&a[0][0];                 //指针变量 p 指向 a[0][0]
     for(i=1;i<=10;i++)          //i 用来计数
     {    printf("%d ",*p++);    //*p++等价于 *(p++)
          if(i%5==0)             //每输出 5 个元素后就换行
              printf("\n");
     }
     system("pause");
     return 0;
}
```

程序的运行结果如下:

```
0  1  2  3  4
5  6  7  8  9
```

8.4.3   指针数组

"指针数组",顾名思义,它是一个数组,只不过数组的元素都是指针。指针数组的定义格式如下:

数据类型 * 数组名[元素个数];

等价于:

(数据类型 *)数组名[元素个数];

例如

```
int a=16, b=932, c=100;
int *p1[3]={&a, &b, &c}; //也可以不指定长度,直接写作 int *p1[]={&a, &b, &c};
```

上述语句中,p1 是一个指针数组,它包含了 3 个元素,每个元素都是一个指针,在定义 p1 的同时,我们使用变量 a,b,c 的地址对它进行了初始化。这样,数组元素 p1[0],p1[1]和 p1[2]分别存放变量 a,b,c 的地址。

再看下面这个例子:

```
char * sport[5]={"basketball","swimming","football","tennis","race"};
```

这里定义了一个指针数组 sport,用来存放 5 个字符串。它们的内存分布如图 8-6 所示。

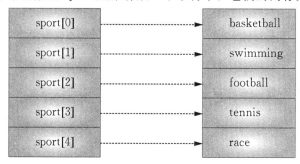

图 8-6   指针数组

【例 8.8】输出一个 3×3 标准矩阵。

```
# include <stdio.h>
void main ()
{
    int array1[]={1,0,0};
    int array2[]={0,1,0};
    int array3[]={0,0,1};
    int *pointer[3];                //定义指针数组 pointer
    int i,j;
    pointer[0]=array1;              // pointer[0]指向 array1[]
    pointer[1]=array2;              // pointer[1]指向 array2[]
    pointer[2]=array3;              // pointer[2]指向 array3[]
    printf("Matrix test:\n" );
    for(i=0;i<3;i++)
    {
        for (j=0;j<3;j++)
            printf("%d ", pointer[i][ j]);
        printf("\n");
    }
    system("pause");
}
```

程序运行结果：

```
Matrix test:
1  0  0
0  1  0
0  0  1
```

8.5 指针与字符串

1.字符指针变量

C 语言中没有特定的字符串类型,我们通常是将字符串放在一个字符数组中。字符串本质上是以"\0"结尾的字符型一维数组。字符串中的所有字符在内存中是连续排列的,通常将第 0 个字符的地址称为字符串的首地址,可以使用字符指针来指向字符串。

例如

```
char * str="computer"
```

这里定义了一个字符指针变量,并且初始化为一个字符串的首地址,如图 8-7 所示。

图 8-7 指向字符串的指针

另外,也可以通过赋值运算使一个字符指针指向一个字符串常量。例如:

```
char * str;
str="computer";
```

这里首先定义了一个字符型的指针变量 str,通过赋值运算把字符串常量"computer"的首地址赋给了 str。所以这种方式的效果与上面的初始化方式是等效的。由于 str 存放的是字符串常量"computer"的首地址,也就是字符"c"的地址,那么 * str 代表的就是一个字符'c',而不是整个字符串"computer"。

2. 指向字符数组的指针变量

```
char string[] = "computer";
char * p_str = "computer";
```

这里定义了一个字符数组 string 和一个字符型的指针变量 p_str,并且都初始化为字符串"computer"。系统会给字符串数组 string 分配 8 个字符的储存空间,如图 8-8 所示。系统给指针型变量 p_str 分配 4 个字节的储存空间,存放的是"computer"的首地址。与此同时系统也会给字符串常量"computer"分配 8 个字符的储存空间,8 个字节,假设这个储存空间的首地址是 0x17ff10,指针变量 p_str 的地址是 0x17ff2E,它的值是 0x17ff10,也就是说地址为 0x17ff2E 的储存单元里储存的是 0x17ff10,该数又是字符串常量的首地址。

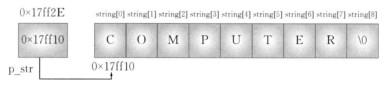

图 8-8　指向字符数组的指针

【例 8.9】 输出从字符串的任意位置之间的字符串。

```
# include < stdio.h>
int main()
{
    int i;
    char array[]="StringPointer";
    char s[10];
    char * pointer=array;             //定义字符型指针变量 pointer,并且指向 array
    printf("%s\n",pointer);
    printf("%s\n",pointer+6);         //输出 array 的下标为 6 的元素一直到结尾
    for (i=0;i<6;i++)
        s[i]=pointer[i];
    s[i]=0;
    printf("%s %s\n",s,&array[6]);    //&array[6]等于 array+6,
    system("pause");
    return 0;
}
```

程序的执行结果:

```
StringPointer
Pointer
String Pointer
```

【例 8.10】 图书馆有若干本书,使用字符指针对书名按照字母顺序进行排序。

```
#include <stdio.h>
#include <string.h>
#define N 6
int main()
{
    char *book[N] = {"Data Base", "Programming C", "Java", "Operating System", "Data
    Structure", "Python"};          //book[N]是指向字符串的指针数组
    char *temp;
    int i, j, front;
    for(i = 0; i < N-1; i++)
    {
        front = i;
        for(j = i + 1; j < N; j++)
        {
            if(strcmp(book[front], book[j]) > 0)    //判断其先后顺序是否合理
                front = j;              //font 保存应该排序在前的 book 数组中的元素的下标
        }
        if(front != i)                  //找到需要排序在前的元素
        {
            temp = book[front];      // book[front]和 book[i]交换位置
            book[front] = book[i];
            book[i] = temp;
        }
    }
    for(i = 0; i < N; i++)
        printf("%s\n", book[i]);
    system("pause");
    return 0;
}
```

程序的执行结果:

```
Data Base
Data Structure
Java
Operating System
Programming C
Python
```

【分析】用指针数组则可以让指针数组中的各个元素指向各字符串(书名),这样排序时,只需改动指针数组中某个元素的指向,而不必改动字符串的位置,就比移动字符串所花的时间少得多。

8.6　指针与函数

8.6.1　指针作为函数实参

　　函数的参数不仅可以是整型、实型、字符型等数据,还可以是指针类型。按照 C 语言关于函数参数的规定:实参和形参必须保证个数、类型、顺序一致。如果将某个变量的地址作为函数的实参,相应的形参就是指针。

　　函数的调用有两种方式:传值调用、传址调用。如果将变量的值传递给函数,这种方式称为传值调用。如果定义函数时,将指针作为函数的形参,在函数调用时,把变量的地址作为实参,这种方式称为传址调用。传址调用能改变主调函数中变量的值。

　　我们来看一个使用函数交换两个变量的值的例子。

　　【例 8.11】通过传值调用,交换两个整型变量的值。

```
#include <stdio.h>
void swap (int m,int n)          //定义函数 swap
{       int temp;
        temp=m;
        m=n;
        n=temp;
}
int main ()
{       int a,b;
        scanf("%d %d",&a,&b);
        printf("The initial values are: a=%d,b=%d\n",a,b);
        swap(a,b);               //调用函数 swap()
        printf("After calling swap(): a=%d,b=%d\n",a,b);
        system("pause");
        return 0;
}
```

假设从键盘输入:

```
1 8
```

程序的运行结果如下:

```
Theinitial values are: a=1,b=8
After calling swap():a=1,b=8
```

　　我们的目的是要改变 a 和 b 两个变量的内容,但是上述程序并没有实现这个目的。

　　分析程序的运行:在调用函数 swap 时,由于参数的传递是值传递,也就是将实参 a 和 b 的值分别传递给了形参 m 和 n。执行完函数之后,m 和 n 的值进行了交换,如图 8-9 所示。但是当函数调用结束之后,形参 m 和 n 将被释放,并且在整个过程中,并没有看到 a 和 b 两个变量所处的内存单元的内容有任何变化。

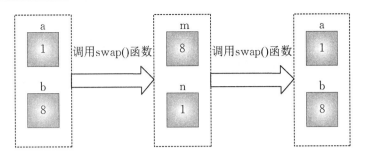

图 8-9　传值调用

【例 8.12】通过地址传递来交换两个整型变量的值。

```
void swap1 (int * pm, int * pn)        //交换两个指针所指对象的值
{    int temp;
     temp = pm;
     pm = pn;
     pn = temp;
}
void swap2 (int * pm, int * pn)        //交换两个指针
{    int temp;
     temp = * pm;
     * pm = * pn;
     * pn = temp;
}
int main()
{    int a,b;
     int * pa,* pb;
     pa= &a;
     pb= &b;                           //定义了两个指针变量,并且分别初始化为 a,b 的地址
     scanf("%d %d",pa,pb);
     printf("The initial values are: a=%d,b=%d\n",a,b);
     swap1(pa,pb);                     //调用函数 swap1()
     printf("After calling swap1(): a=%d,b=%d\n",a,b);
     swap2 (pa,pb);                    //调用函数 swap2()
     printf("After calling swap2(): a=%d,b=%d\n",a,b);
     system("pause");
     return 0;
}
```

假设从键盘输入:1 8

程序的运行结果如下:

```
The initial values are: a=1,b=8
After calling swap1(): a=1,b=8
After calling swap2(): a=8,b=1
```

【分析】

(1) 函数 swap1()中定义了两个指针变量 pm 和 pn,指针变量的作用是存储变量的地

址。程序运行时,先执行主函数 main,首先将变量 a 和 b 的地址值传递给指针变量 pa 和 pb,如图 8-10(a)所示。然后执行 swap1()函数,直接交换了形参指针 pm 和 pn 的值,并没有改变形参指针所指变量的值,如图 8-10(b)所示,形参指针 pm 和 pn 的值改变不会影响对应的实参指针 pa 和 pb。因此不能改变变量 a 和 b 的值,如图 8-10(c)所示。

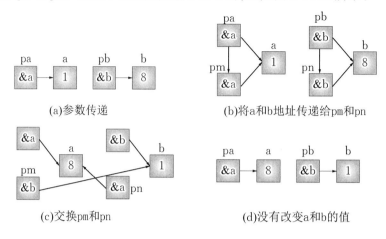

图 8-10　形参指针的值改变不会影响对应的实参指针

(2) 程序运行时,先执行主函数 main,首先将变量 a 和 b 的地址值传递给指针变量 pa 和 pb,如图 8-11(a)所示。然后通过调用函数 swap2()将指针变量 pa 和 pb 的值(也就是变量 a 和 b 的地址值)传递给指针变量 pm 和 pn,如图 8-11(b)所示。在函数 swap2()的执行过程中,通过引用指针变量来改变 a 和 b 的值,如图 8-11(c)所示。程序结束后,实现了变量 a 和 b 值的互换,而形参 pm 和 pn 被释放掉,如图 8-11(d)所示。

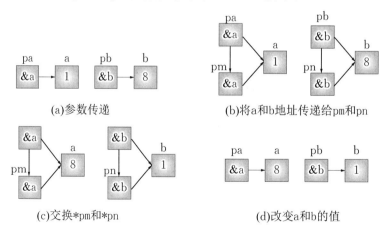

图 8-11　通过地址实现变量的交换

8.6.2　数组名作为函数实参,指针作为形参

数组名是一个地址值。当把数组名作为函数实参,指针作为函数的形参时,实参与形参之间是"地址传递"。实参数组名将该数组的真实地址传给形参。

【例 8.13】对数组元素进行排序。

```c
#include <stdio.h>
void sort(int *p,int n);
```

```
#define N 6
int main()
{
    int i;
    int a[N],*pa=a;                //定义指针变量 pa,指向数组 a[N]
    for(i=0;i<N;i++)
        scanf("%d",pa++);          //输入数组元素
    pa=a;
    sort(pa,N);                    //通过传递数组名来调用函数 sort(),对数组元素进行排序
    for(i=0;i<N;i++)
        printf("%4d",*pa++);
    printf("\n");
    system("pause");
    return 0;
}


void sort(int *p,int n)            //定义排序函数 sort(),指针变量是此函数的一个参数
{
    int i,j,k,t;
    for(i=0;i<n-1;i++)
    {
        k=i;                       //设 k 为第 i+1 轮排序中最小数的下标
        for(j=i+1;j<n;j++)         //求下标从 i 到 n-1 之间最小数的下标
            if(*(p+k)<*(p+j))
            k=j;
        if(k!=i)                   //将最小数与下标为 i 的元素进行交换
        {
            t=*(p+i);
            *(p+i)=*(p+k);
            *(p+k)=t;
        }
    }
}
```

假设从键盘输入：

```
    1  2  3  4  5  6
```

程序的运行结果为：

```
    6  5  4  3  2  1
```

上面这个例子，主要演示如何通过函数对数组元素进行读写。当数组名作函数的实参数时，对应的形参可以是指针，也可以是上一章学过的两种形式：①sort(int p[ ], int n)；②sort(int p[N], int n)；

二维数组名也可以作为函数参数。二维数组名也是一个地址值，所以当二维数组名作为函数实参时，指针作为形参时，这里的指针应该是行指针变量。

【例 8.14】实现矩阵转置。

```
#include <stdio.h>
void transpose(int (*a)[6]);
int main()
{
    int matrix[6][6]={{1,2,3,4,5,6},{1,2,3,4,5,6},{1,2,3,4,5,6},{1,2,3,4,5,6},{1,2,3,
    4,5,6},{1,2,3,4,5,6}};                    //定义一个6行6列的二维数组来表示矩阵
    int i,j;
    transpose(matrix);                        //传递二维数组名来调用函数,实现对矩阵的转置
    for(i=0;i<6;i++)
    {   for(j=0;j<6;j++)
            printf("%d ",matrix[i][j]);//输出矩阵
        printf("\n");
    }
    system("pause");
    return 0;
}

void transpose(int (*a)[6])
{   int temp,i,j;
    for(i=0;i<6;i++)
        for(j=0;j<=i;j++)
        {   temp=*(a[i]+j);                   //实现矩阵的转置,*(a[i]+j)等价于a[i][j]
            *(a[i]+j)=*(a[j]+i);
            *(a[j]+i)=temp;
        }
}
```

程序的运行结果是:
```
1 1 1 1 1 1
2 2 2 2 2 2
3 3 3 3 3 3
4 4 4 4 4 4
5 5 5 5 5 5
6 6 6 6 6 6
```

函数 transpose 的形参还可以是下面的两种形式:① void transpose(int a[6][6]);②void transpose(int a[][6])。需要注意的是,行的个数可以缺省,但是列的个数不能缺省。行的个数缺省时,系统会把 a 看作是一个行指针变量。

8.6.3 指向字符的指针作为函数的返回值

指向字符的指针不仅可以作为函数的参数,还可以作为函数的返回值。例如在实际应用中,往往需要将一个字符串连接到另一个字符串的后面。如果将这个操作用一个函数来实现,就必须将需要连接的两个字符串作为函数的形参,具体有两种处理方案。

方案一:将函数的返回类型定义为指向字符的指针,通过"return"语句将连接后的字符串返回,其函数头部可以写成:

```
char* strncat(char * strl, char * str2, int n)
```

方案二：将第二个字符串连接到第一个字符串的后面，利用实参指针与形参指针共享内存的关系，函数调用完成后，形参 strl 所指内存空间的的值就是所求，与对应的实参共享，所以函数头部可以写成：

```
void strncat(char * strl, char * str2, int n)
```

【例 8.15】设计一个函数将一个字符串连接到另一个字符串的后面。

```
#include <stdio.h>
char * stringcat(char * str1,char * str2);
int main()
{
    char s1[100],s2[100];              // 定义字符数组变量 s1 和 s2
    char * s3;                         //定义指向字符的指针变量 s3
    int n;
    printf("Input string s1:");
    gets(s1);                          //该函数可以输入带空格的字符串
    printf("Input string s2:");
    gets(s2);
    s3=stringcat(s1,s2);               //调用函数 strncat()连接字符串
    puts(s3);                          //不用 s3,直接输出 s1 也行,连接结果放在 s1 中了
    system("pause");
    return 0;
}
char * stringcat(char * str1, char * str2)
{
    int i=0,j=0;
    while(str1[i]!='\0')
    {
        i++;
    }
    while(str2[j]!='\0')
    {
        str1[i]=str2[j];               //将 str2 中的字符逐个添加到 str1 后面
        i++;
        j++;
    }
    str1[i]='\0';                      //在连接后的字符串尾部加上结束标识符
    return str1;
}
```

下面是程序的一次运行结果：

```
    Input string s1:book
    Input string s2: and football
    book and football
```

8.6.4　返回指针值的函数

函数的返回值除了可以返回一个一般类型或者自定义类型变量的值外,还可以返回一个变量的地址,即指针。函数的返回值是一个指针变量,主要用于要求函数一次返回多个数据的情形。

返回指针值的函数定义的一般格式是:

类型标识符　＊函数指针名(形参表)

与一般的函数定义相比,在描述函数所返回的数据类型时,使用了"数据类型 ＊",这说明函数返回的是一个指针类型的数据。这种定义格式也可以等价为:

(类型标识符＊)函数指针名(参数表)

例如

```
int * sort(int a[],int b);
```

此语句定义了一个返回值是指向整数类型对象的指针,形参是一个有 n 个元素的整型数组 a[]。

【例 8.16】定义一个函数,使用指针对 n 个数据进行排序,要求返回这组数据的地址。

```
# include <stdio.h>
# include <stdlib.h>
# include <time.h>
# define N 10
void * sort(int a[],int n);
void print(int a[], int n);
int main()
{
    int i;
    int array[N],*pa=array;     //定义指针变量 pa,指向数组 array[N]
    srand(time(0));             //产生一个随机数的种子
    for(i=0;i<N;i++)
        array[i]=rand()%100;
    printf("Print numbers before sorting\n");
    print(array, N);            //输出产生的 10 个随机数
    pa=sort(array,N);           //通过传递数组名来调用函数 sort(),对数组元素进行排序
    printf("Print numbers after sorting\n");
    print(array, N);            //输出排序后的 10 个随机数
    system("pause");
    return 0;
}

void * sort(int a[],int n)      //定义排序函数 sort(),指针变量是此函数的一个参数
{
    int i,j,k,temp;
    int * p_temp=a;
    for(i=0;i<n-1;i++)
```

```
    {
        k=i;                          //设 k 为第 i+1 轮排序中最小数的下标
        for(j=i+1;j<n;j++)            //求下标从 i 到 n-1 之间最小数的下标
            if(*(p_temp+k)<*(p_temp+j))
            k= j;
        if(k!=i)                      //将最小数与下标为 i 的元素进行交换
        {
            temp=*(p_temp+i);
            *(p_temp+i)=*(p_temp+k);
            *(p_temp+k)=temp;
        }
    }
    return p_temp;                    //返回已排序的 n 个数据的首地址
}

void print(int a[], int n)           //输出数组 a[]的前 n 个元素
{   int i;
    for(i=0;i<n;i++)
    {
        printf("%5d",a[i]);
        if((i+1)%5==0)               //每行输出 5 个数
            printf("\n");
    }
    printf("\n");
}
```

下面是程序的一次运行结果：

```
    Print numbers before sorting
        19    92    27    83     7
        20     4    89     6    38

    Print numbers after sorting
        92    89    83    38    27
        20    19     7     6     4
```

8.6.5　指向函数的指针

在程序运行中,函数代码是程序的指令部分,它和数组一样也占用存储空间。在编译时,系统会给每个函数分配一个入口地址,也就是存储函数代码的内存单元的首地址,与数组名类似,函数名正是这个函数的入口地址。可以使用指针变量指向函数的入口地址,称这样的指针为函数指针。有了指向函数的指针变量后,可用该指针变量调用函数,就如同用指针变量可引用其他类型变量一样。

指向函数的指针的定义：

类型标识符(∗指针变量名)(形参表)

例如：

```
int (*p_compare)(int a, int b);
```
此语句定义了一个返回类型为整型、具有两个整型参数的函数指针 p_compare。

```
int ascending (int a, int b);
compare=ascending;
```

此语句将函数 ascending() 赋给同类型的函数指针 p_compare，它们都具有两个整型参数，返回值都是整型。也就是指向函数的指针指向与它具有相同类型（指针类型与函数返回值类型相同）、相同参数的函数。

注意：指针变量名外的括号必不可少，因为"()"的优先级高于" * "，否则将变成了指针函数的定义形式。例如：

```
                int *p_compare (int a, int b);
                int (*p_compare)(int a, int b);
```

前者是定义了一个函数 p_compare，这个函数返回指向整型变量的指针；后者是定义了一个指向函数的指针，这个函数的返回类型是整型。

【例 8.17】使用函数指针，设计执行加减乘除运算的程序。

```
#include <stdio.h>
int sum(int a, int b);
int sub(int a, int b);
int mul(int a, int b);
int div(int a, int b);
void computing( int (*p)(int, int), int a, int b);
int main()
{
    computing(sum,12,6);
    computing(sub,12,6);
    computing(mul,12,6);
    computing(div,12,6);
    system("pause");
    return 0;
}
//这个 computing 函数是用来做 a 和 b 之间的计算，至于做加法、减法、乘法还是除法运算，由函数的
第 1 个参数决定
void computing( int (*p)(int, int), int a, int b)
{
    int result =p(a, b);          //函数指针 p 决定了执行的运算的类别
    printf("计算结果为:%d\n", result);
}
int sum(int a, int b)            //加法运算
{
    return a +b;
}
int sub(int a, int b)            // 减法运算
{
    return a -b;
```

```
}
int mul(int a, int b)// 乘法运算
{
    return a * b;
}
int div(int a, int b)   // 除法运算
{
    return a/b;
}
```

程序的运行结果：

　　　　计算结果为:18
　　　　计算结果为:6
　　　　计算结果为:72
　　　　计算结果为:2

8.7　二 级 指 针

如果一个指针指向的是另外一个指针,我们就称它为二级指针,或者指向指针的指针。

定义格式：

类型标识符　＊＊变量名

与指针变量的定义相比,变量名前使用了两个指针变量的定义标识符"＊"。

例如：

```
int * pt1;
int i=8;
pt1 = &i;
int * * pt2;
pt2= &pt1;
```

这样就定义了一个指针变量 pt2,它指向另一个指针变量 pt1。pt1 指向的是整型变量 i,那么指针变量 pt1 中就存储了整型变量 i 的地址,这里假设的地址是 0x17ff10,如图 8-12 所示,地址值 0x17ff10 存放在变量 pt1 中(即以 0x17ff10 为首地的存储单元中)。与整型变量类似,pt1 也是一个变量,它也有一个地址 0x17ff2e。指针变量 pt2 所存储的数据就是 pt1 的地址值 0x17ff2e。假设变量 pt2 的地址是 0x17ff32,这时内存单元的分配如图 8-12所示。

p2 前加上指针运算符"＊",即 * p2,就是 p1 的值 0x17ff10 (p2 指向指针变量 p1)。那么 * p2 就相当于 p1,这时再在 * p2 前加一个指针运算符"＊",即 * * p2,它就相当于 * p1,也就是变量 i 的值 8。

图 8-12　二级指针

【例 8.18】使用二级指针,按照字母顺序输出字符串。

```c
#include <stdio.h>
#include <string.h>
#define N 5
int main()
{    char * sport[N]={"basketball","swimming","football","tennis","race"};
                              //定义一个含有 5 个元素(字符串)的指针数组
     int i,j,k;
     char * * p=sport;          //定义了一个二级指针变量 p,初始化为 sport[5]的首地址
     char * temp;
     for(i=0;i<N-1;i++)
     {
         k=i;                   //设 k 为该轮排序中的最小下标
         for(j=i+1;j<N;j++)
             if(strcmp(* (p+k),* (p+j))>0)   //比较 p[k]和 p[j]的字母顺序大小
             k= j;
         if(k!=i)               //交换 p[i]和具有最小字母顺序的 p[k]的值
         {    temp=* (p+i);
              * (p+i)=* (p+k);
              * (p+k)=temp;
         }
     }
     for(i=0;i<N;i++)
         printf("% s\n",* (p+i)); //使用指针变量 p 来引用指针数组的元素
     system("pause");
     return 0;
}
```

程序运行结果:

```
basketball
football
race
swimming
tennis
```

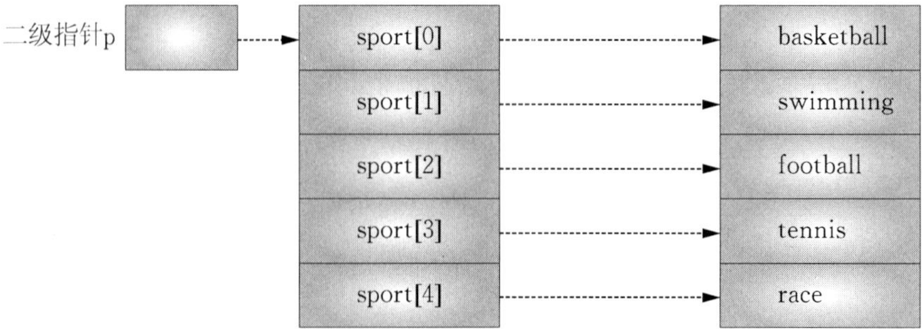

图 8-13　指向数组的二级指针

【分析】首先定义了一个指针数组 sport[],用来存放 5 个字符串。它们的内存分布如图 8-13所示。二级指针 p 初始化的时候,指向 sport[]的第一个元素 sport[0]。* (p+i)其

实是一个指向字符串的指针,等价于 p[i]、sport[i]。

8.8　main 函数中的参数

前面的例子中,main 函数不像其他子函数一样带有参数。其实,main 函数可以有参数。例如:

```
main (int argc,char* argv[])
{
    /* 主程序段 */
}
```

也可以这样定义:

```
main (int argc,char* * argv)
{
    /* 主程序段 */
}
```

main 函数有两个形参:argc,argv。这两个形参的名字可以由用户来命名。其中,argc是个整型参数,它用来存储命令行中参数的个数;argv 是一个指向字符串的指针数组。它用来存储每个命令行参数,所以命令行参数都应当是字符串,这些字符串的首地址就构成了一个指针数组。

【例 8.19】命令行参数的使用。

```
# include <stdio.h>
int main(int argc,char* argv[])
{    int i;
     for(i = 0; i < argc; i++)
         printf("Argument  %d is %s\n", i, argv[i]);
     return 0;
}
```

将该程序保存为 hello.c,经过编译连接之后生成可执行文件 hello.exe。然后在命令行中输入:

```
hello.c hello world。
```

程序的运行结果是:

```
    hello.c
    hello
    world
```

【分析】在命令行中输入了 3 个参数,各个参数之间使用空格键或者 Tab 键隔开。所以argc 的值就是 3。命令行中的 3 个参数分别是:hello.c,hello 和 world,它们就存储在指针数组 argv 中。

8.9　动态分配存储

C 语言在运行程序时动态分配内存,从而有效利用内存空间。只有使用指针,才能动态分配内存。

在 C 语言程序中,代码在内存中进行执行的时候,所占用的内存分为 4 个区域——栈区、堆区、数据区、代码区。每个程序都有唯一的 4 个内存区域。

(1)栈区(stack):由编译器自动分配释放,存放局部变量的值、函数的参数值等。在执行完函数后,存储参数和本地变量所占用的内存空间会自动释放。

(2)堆区(heap):就是在程序执行期间,可用 C 语言中库函数 malloc( ),calloc( )和 realloc( )分配的内存区域。这些分配的内存块的释放由库函数 free( )来完成,而不是由编译器完成。如果程序员没有使用 free( )函数释放由 malloc( ),calloc( )和 realloc( )分配的内存区域,那么在程序结束后,操作系统会自动回收。但是在该程序运行过程中会造成内存泄漏。

(3)数据区:主要包括全局/静态区和常量区,程序结束后由系统释放。全局/静态区(static):全局变量和静态变量的存储是放在一块的,初始化的全局变量和静态变量在一块区域,未初始化的全局变量和未初始化的静态变量在相邻的另一块区域。常量区:存放常量字符串。

(4)代码区:存放函数体的二进制代码。

1. malloc( )函数

malloc( )函数用来动态地分配内存空间,其原型为:

void * malloc(unsigned int size);

malloc 的中文叫动态内存分配,当无法知道内存具体位置的时候,想要绑定真正的内存空间,就需要用到动态的分配内存。malloc 向系统申请分配指定 size 个字节的内存空间(连续的一块内存)。返回类型是 void * 类型。void * 表示未确定类型的指针。void * 可以指向任何类型的数据,void * 类型可以强制转换为任何其他类型的指针。

如果分配成功则返回指向被分配内存的指针(此存储区中的初始值不确定),否则返回空指针 NULL。当内存不再使用时,应使用 free( )函数将内存块释放。函数返回的指针一定要适当对齐,使其可以用于任何数据对象。

比如想分配 100 个 int 类型的空间:

```
int* p= (int*)malloc (sizeof(int)*100);   //分配可以放得下 100 个整数的内存空间。
```

malloc 只管分配内存,并不能对所得的内存进行初始化,所以得到的一片新内存中,其值将是随机的。malloc 函数的实质体现在,它有一个将可用的内存块连接为一个长长的列表的所谓空闲链表。在调用 malloc 动态申请内存块时,一定要进行返回值的判断。

使用 malloc( )函数必须在代码前加上头文件 # include < stdlib.h> 或 # include < malloc.h> 。

【例 8.20】设计一个程序,求任意多个长整数的和,要求使用动态内存分配创建一个数组空间,存储从键盘输入的长整数。

```
# include < stdio.h>
# include < malloc.h>
signed long sum(signed long array[ ],int n);
int main()
{
    int n,i;
    signed long * arr;
    printf("你想输入多少个数:");
```

```
    scanf("%d",&n);           //输入分配的存储空间的数量
    arr=(signed long *)malloc(sizeof(signed long)* n);  //申请一个能够存储 n 个长整型
    数据的存储空间
    for(i=0;i<n;i++)
    {
        printf("请输入第%d个数:",i+1);
        scanf("%d",&arr[i]);
        if(arr[i]==000){
            break;
        }
    }
    printf("累计总和:%d\n",sum(arr,i));
    free(arr);                //释放 arr 指向的内层空间
    system("pause");
    return 0;
}
signed long sum(signed long array[],int n)
{
    int i;
    signed long result =0;
    for(i=0;i<n;i++)
    {
        result +=array[i];
    }
    return result;
}
```

下面是程序的一次运行结果:

　　你想输入多少个数:3
　　请输入第 1 个数:22
　　请输入第 2 个数:56
　　请输入第 3 个数:73
　　累计总和:151

2. realloc( ) 函数

其函数原型为:

realloc(void * _ptr, size_t _ize):

更改已经配置的内存空间,即更改由 malloc() 函数分配的内存空间的大小。如果将分配的内存减少,realloc 仅仅是改变索引的信息。如果是将分配的内存扩大,则有以下情况:

(1)如果当前内存段后面有需要的内存空间,则直接扩展这段内存空间,realloc()将返回原指针。

(2)如果当前内存段后面的空闲字节不够,那么就使用堆中的第一个能够满足这一要求的内存块,将目前的数据复制到新的位置,并将原来的数据块释放掉,返回新的内存块位置。

(3)如果申请失败,将返回 NULL,此时,原来的指针仍然有效。

【例 8.21】使用 malloc() 函数创建一个动态数组,使用 realloc() 函数对该动态数组进行扩充。

```
#include <stdio.h>
#include <stdlib.h>
int main()
{
    int* n,* p;
    int i,n1,n2;
    printf("请输入所要创建的动态数组的长度:");
    scanf("%d",&n1);
    n= (int*)malloc(n1* sizeof(int));
    printf("请输入所要扩展的动态数组的长度:");
    scanf("%d",&n2);
    p= (int*)realloc(n,(n2)* sizeof(int)); //动态扩充数组
    for(i=0;i<n2;i++)
    {
        p[i]=i+1;
        if(i%5==0)
        printf("\n");
        printf("%d\t",p[i]);
    }
    free(p);
    system("pause");
    return 0;
}
```

程序的输入:

　　请输入所要创建的动态数组的长度:6
　　请输入所要扩展的动态数组的长度:25

运行结果:

```
    1   2   3   4   5
    6   7   8   9  10
   11  12  13  14  15
   16  17  18  19  20
   21  22  23  24  25
```

3. free() 函数

free(void*ptr);

free() 函数的作用是释放 ptr 所指向的一块内存空间,ptr 是一个任意类型的指针变量,它指向被释放区域的首地址。被释放区应是由 malloc 或 realloc 函数所分配的区域。

【例 8.22】使用动态内存分配函数编写程序,从键盘上依次输入多个人的姓名和成绩,设计选择排序算法,按照成绩从高到低的次序排列姓名和成绩。

```
#include <stdio.h>
#include <string.h>
#include <stdlib.h>
```

```
#define M 5
#define N 20                              //定义常量 M 和 N
void SelectSort (char * a[M],int b[M]);
int main()
{
    char * name[M];
    int score[M];
    int i;
    printf("输入 %d 个人的姓名和成绩:",M);
    for(i=0;i<M;i++)
    {
        name[i]= (char *)malloc(N);       //调用动态内存分配函数分配内存
        scanf("%s %d",name[i],&score[i]); //输入姓名和成绩
    }
    SelectSort (name,score);              //调用选择排序算法按照成绩进行选择排序
    //按排序结果依次输出每个人的姓名和成绩
    for(i=0;i<M;i++)
    printf("%30s %4d\n",name[i],score[i]);
    for(i=0;i<M;i++)
    free (name[i]);                       //释放有 malloc()分配的内存空间
    system("pause");
    return 0;
}
void SelectSort (char * a[M],int b[M])
{
    //算法中对数组参数的操作就是对相应实参数组的操作
    int i,j,k;
    char x[N];
    inttemp;
    for(i=1;i<M;i++)
    {   //进行 M-1 次选择和交换
        k=i-1;                            //给 k 赋初值
        for(j=i;j<M;j++)                  //选择当前区间内的最大值 b[k]
            if(b[j]>b[k])
                k= j;
    //交换 a[i-1]和 a[k],以及 b[i-1]和 b[k]的值,使成绩和姓名同步被交换
        strcpy(x,a[i-1]); strcpy(a[i-1],a[k]); strcpy(a[k],x);
        temp =b[i-1]; b[i-1]=b[k]; b[k]=temp;
    }
}
```

下面是程序的一次运行结果:

　　输入 5 个人的姓名和成绩:Marry 68 Rose 88 James 74 Steve 93 Allen 58

　　Steve　　93

　　Rose　　88

```
James   74
Marry   68
Allen   58
```

8.10　常见错误及纠正方法

常见错误实例	常见错误描述	错误类型	错误纠正
声明两个指针变量 p1,p2 如下： int *p1, p2;	误认为声明指针变量的"＊"会对同一声明语句中所有有变量起作用,从而省略了其他指针变量前面的"＊"	理解错误	int *p1, *p2;

int *p;
scanf("%d",p);
*p=10;
	指针变量使用之前必须初始化	运行错误	int *p,a;
			p=&a;
			scanf("%d",p);
			*p=10;

int *p; char c; p=&c;	整型指针变量指向字符类型的变量	编译错误	int *p; int c; p=&c;
int *p1; float *p2; p1=p2;	指向不同数据类型的指针之间进行赋值	编译错误	p1=(int *)p2;
void *p=NULL; *p=80;	用空指针访问内存	编译错误	
int *p; p=100;	用非地址值给指针变量赋值	warning	

void *p;
int a;
p=&a;
*p=80;
	语句"＊p=80"错误,因为编译器不知道 p 的数据类型	编译错误	void *p;
			int a;
			p=&a;
			*(int *)p=80;

char *p; scanf("%s",p);	指针没有初始化	编译错误	char p[80]; scanf("%s",p);

int a[10], k, *p;
p=a;
for(k=0;k<10;k++)
scant("%d",p++);
for(k=0;k<10;k++)
printf("%d",p[k]);
	只用指针遍历数组时,造成数组的越界操作	系统不报错	int a[10],k, *p;
			p=a;
			for(k=0;k<10;k++)
			scant("%d",p++);
			p=a;
			for(k=0;k<10;k++)
			printf("%d",p[k]);

常见错误实例	常见错误描述	错误类型	错误纠正

int * getdata ( )
{
int a[10],k;
for(k=0;k<10;k++)
scanf ("%d", a+k)
return a;
}
	指针函数以局部变量的地址作为函数的返回值。当函数返回时,局部变量已经消失,返回的指针是个野指针		int * getdata ( )
			{
			static int a[10];
			intk;
			for(k=0;k<10;k++)
			scanf ("%d",a+k)
			return a;
			}

int a[3][4]; int ** p; p=a;	二维数组的数组名是一个二级地址,指向二维数组的指针必须是指向一维数组的指针		int a[3][4]; int (*p)[4]; p=a;
int *p; p=malloc (10* sizeof (int));	内存分配函数的返回值是空类型,将内存分配的返回值的地址赋给指针变量前,必须进行强制类型转换		int *p; p= (int *) malloc (10* sizeof(int));

习 题 8

一、选择题

1. 下列程序的输出结果是(　　　)。

```
#include <stdio.h>
void f(int * x, int * y)
{    int t;
     t=*x,*x=*y;*y=t;
}
void main ( )
{
     int a[8]={1,2,3,4,5,6,7,8},i,*p,*q;
     p=a;q=&a[7];
     while(p<q)
     {    f(p,q);
          p++;
          q--;
     }
     for(i=0;i<8;i++)
          printf("%d,",a[i]);
     system("pause");
}
```
　A 8,2,3,4,5,6,7,1　　　　　　　　　　B 5,6,7,8,1,2,3,4

C 1,2,3,4,5,6,7,8　　　　　　　　　　　　D 8,7,6,5,4,3,2,1

2. 下列程序的输出结果是(　　　)。

```
# include < stdio.h>
void main( )
{    int a[ ]={1,2,3,4,5,6,7,8,9,0},*p;
     for(p=a;p<a+10;p++)
         printf("%d,",*p);
     system("pause");
}
```

A 1,2,3,4,5,6,7,8,9,0,　　　　　　　　B 2,3,4,5,6,7,8,9,10,1,

C 0,1,2,3,4,5,6,7,8,9,　　　　　　　　D 1,1,1,1,1,1,1,1,1,1,

3. 下列程序的输出结果是(　　　)。

```
# include < stdio.h>
void main( )
{    char s[ ]="159",*p;
     p=s;
     printf("%c",*p++);
     printf("%c",*p++);
     system("pause");
}
```

A 15　　　　　　　　B 16　　　　　　　　C 12　　　　　　　　D 59

4. 有下列程序:

```
# include< stdio.h>
void main( )
{    int a[10]={1,2,3,4,5,6,7,8,9,10},*p=&a[3],*q=p+2;
     printf("%d\n",*p+*q);
     system("pause");
}
```

程序运行后的输出结果是(　　　)。

A 16　　　　　　　　B 10　　　　　　　　C 8　　　　　　　　D 6

5. 有下列程序:

```
# include < stdio.h>
void main( )
{    int a[ ]={2,4,6,8,10},y=0,x,*p;
     p=&a[1];
     for(x=1;x<3;x++)y+=p[x];
     printf("%d\n",y);
     system("pause");
}
```

程序运行后的输出结果是(　　　)。

A 10　　　　　　　　B 11　　　　　　　　C 14　　　　　　　　D 15

6. 有下列程序,其中函数 f( )的功能是将多个字符串按字典顺序排序(　　　)。

```
# include < stdio.h>
```

```
void main()
{
    int a=1, b=3,c=5;
    int * p1=&a, * p2=&b, * p=&c;
    * p= * p1* ( * p2);
    printf("%d\n",c);
    system("pause");
}
```

执行后的输出结果是（　　　　）

A 1　　　　　　　　　　B 2　　　　　　C 3　　　　　　　　C 4

7. 有下列程序：

```
# include < stdio.h >
# include < string.h >
void f(char * s,char * t)
{    char k;
     k= * s; * s= * t; * t=k;
     s++; t--;
     if( * s)f(s,t);
}
main()
{    char str[10]="abcdefg", * p;
     p=str+ strlen(str)/2+1;
     f(p,p-2);
     printf("%s\n",str);
     system("pause");
}
```

程序运行后的输出结果是（　　　　）。

A abcdefg　　　　　　B gfedcba　　　　C gbcdefa　　　　D abedcfg

8. 有下列程序：

```
# include < stdio.h >
void main()
{    int i,s=0,t[]={1,2,3,4,5,6,7,8,9};
     for(i=0;i<9;i+=2)
         s+= * (t+i);
     printf("%d\n",s);
     system("pause");
}
```

程序执行后的输出结果是（　　　　）。

A 45　　　　　　　　　B 20　　　　　　C 25　　　　　　　　D 36

9. 有下列程序：

```
# include < stdio.h >
void fun1(char * p)
{    char * q;
```

```
        q=p;
        while(*q!='\0')
        {   (*q)++;q++;}
    }
    void main()
    {    char a[]={"Program"},*p;
        p=&a[3];
        fun1(p);
        printf("%s\n",a);
        system("pause");
    }
```

程序执行后的输出结果是(   )。

  A Prohsbn   B Prphsbn   C Progsbn   D Program

10. 设有下列定义和语句:

```
    char str[20]="Program",*p;
    p=str;
```

则下列叙述中正确的是(   )。

A *p 与 str[0]的值相等

B str 与 p 的类型完全相同

C str 数组长度和 p 所指向的字符串长度相等

D 数组 str 中存放的内容和指针变量 p 中存放的内容相同

11. 有下列程序:

```
    #include<stdio.h>
    #include<string.h>
    void main()
    {
        char *a="you";
        char *b="Welcome you to Beijing!";
        char *p;
        p=b;
        while(*p!=*a)p++;
            p+=strlen(a)+1;
        printf("%s\n",p);
        system("pause");
    }
```

程序执行后的输出结果是(   )。

  A Beijing!   B you to Beijing!

  C Welcome you to Beijing!   D To Beijing!

12. 有下列程序:

```
    #include<stdio.h>
    #include<stdlib.h>
    void fun(int a[],int n)
    {    int i,j=0,k=n-1,b[10];
```

```
            for(i=0;i<n/2;i++)
            {     b[i]=a[j];
                  b[k]=a[j+1];
                  j+=2;k--;
            }
            for(i=0;i<n; i++)
                  a[i]=b[i];
      }
      void main()
      {     int c[]={10,9,8,7,6,5,4,3,2,1},i;
            fun(c,10);
            for (i=0;i<10; i++)
                  printf("%d,",c[i]);
            printf("\n");
            system("pause");
      }
```

程序的运行结果是(　　)。

A 10,8,6,4,2,1,3,5,7,9,　　　　　　B 10,9,8,7,6,5,4,3,2,1,

C 1,2,3,4,5,6,7,8,9,10,　　　　　　D 1,3,5,7,9,10,8,6,4,2,

13. 有下列程序：

```
      #include<stdio.h>
      #include<stdlib.h>
      void main()
      {     char s[]={"aeiou"},*ps;
            ps=s; printf("%c\n",*ps+4);
            system("pause");
      }
```

程序运行后的输出结果是(　　　)。

A a　　　　　　　　B e　　　　　　C u　　　　　　　D 元素 s[4]的地址

14. 有以下程序

```
      #include<stdio.h>
      #include<stdlib.h>
      fun(int *p1,int *p2,int *s)
      {     s=(int*)malloc(sizeof(int));
            *s=*p1+*p2;
            free(s);
      }
      void main()
      {     int a=1,b=40,*q=&a;
            fun(&a,&b,q);
            printf("%d\n",*q);
            system("pause");
      }
```

程序运行后的输出结果是(　　　)。

A 42　　　　　　　　　　B 0　　　　　　　　C 1　　　　　　　　D 41

二、填空题

1. 下列程序运行后的输出结果是_____。

```c
#include<stdio.h>
void fun(char**p)
{
    ++p;
    printf("%s\n",*p);
}
main()
{
    char *a[]={"Alice","Marry","Eve","Bekey"};
    fun(a);
    system("pause");
}
```

2. 下列程序运行后的输出结果是_____。

```c
#include <stdio.h>
#include <string.h>
char *ss(char *s)
{    char *p,t;
    p=s+1;t=*s;
    while(*p){*(p-1)=*p;p++;}
    *(p-1)=t;
    return s;
}
main()
{    char *p,str[10]="abcdefgh";
    p=ss(str);
    printf("%s\n",p);
    system("pause");
}
```

3. 下面程序的功能是从输入的 5 个字符串中找出最长的那个串。请在_____处填空。

```c
#include "stdio.h"
#include "string.h"
#define N 5
main()
{
    char s[N][81], *t;
    int j;
    for (j=0; j<N; j++)
        gets (s[j]);
```

```
        t=*s;
        for (j=1; j<N; j++)
            if(strlen(t)<strlen(s[j]))
                _____
        printf("the max length of ten strings is: %d, %s\n", strlen(t), t);
        system("pause");
    }
```

4.执行以下程序后,a 的值为_____,b 的值为_____。

```
#include <stdio.h>
main()
{
    int a, b, k=4, m=6, *p=&k, *q=&m;
    a=p==&m;
    b=(-*p)/(*q)+7;
    printf("a=%d\n", a);
    printf("b=%d\n", b);
    system("pause");
}
```

三、程序设计

1.编写一个程序,用一个字符指针数组存放寝室所有同学的名字,并把它们打印出来。

2.编写函数,该函数的功能是:将 ss 所指字符串中所有下标为奇数位置上的字母转换为大写(若该位置上不是字母,则不转换)。

3.请编写一个函数 void count(char * str,int num[ ]),统计在 str 所指字符串中"a"至"z"26个小写字母各自出现的次数,并依次放在 num 数组中。

4.编写一个冒泡排序算法,使用指针将 N 个整型数据按从小到大的顺序进行排序。

5.编写一个程序向用户询问 8 首歌的名字,然后把这些名字存入到一个指针数组中。把这些歌名按原来的顺序打印出来;按字母表的顺序打印出来;按字母表的反序打印出来。

6.使用一个二维数组描述 M 个学生 N 门功课的成绩(假定 M=5,N=5),用行描述一个学生的 N 门功课的成绩。设计一个函数 minimum 找出所有学生考试中的最高成绩,设计一个函数 average 确定每个学生的平均成绩,设计一个函数 print 以表格形式输出所有学生的成绩。

7.编写一个程序,用随机数产生器建立语句。程序用 4 个 char 类型的指针数组 article,noun,verb,preposition。选择每个单词时,在能放下整个句子的数组中连接上述单词。单词之间用空格分开。输出最后的语句时,应以大写字母开头,以圆点结尾。程序产生20 个句子。

数组填充如下:article 数组包含冠词"the""a""one""some"和"any";noun 数组包含名词"boy""girl""town"和"car";verb 数组包含动词"drove""jumped""ran""walked"和"skipped";preposition 数组包含介词"to""from""over""under"和"on"。

编写上述程序之后,将程序修改成:由几个句子组成的短故事(这样就可以编写一篇自动文章)。

第9章　结构体和共用体

内容提要

(1)知识点:结构体类型、结构体变量的定义,结构体类型数组、结构体类型指针的定义,结构体变量成员的引用,结构体与函数;共用体类型、变量的定义,共用体变量的引用,链表的操作;定义枚举类型及使用;用 typedef 来定义数据类型;位运算及其应用,位段的定义和使用方法。

(2)难点:嵌套结构体成员的引用,结构体指针引用结构体成员的方法,链表的主要操作方法,位运算,位段的使用。

9.1　结构体类型概述

前面的章节我们已介绍了基本类型的变量(如整型、实型、字符型变量等),也介绍了一种构造类型数据——数组,这些数据类型都是单一的类型。实际上,我们有时需要将不同类型的数据组合成一个有机的整体,以便于引用。这些组合在一个整体中的数据是互相联系的。结构体和共用体是 C 语言中一种自定义数据类型,它可以将不同的数据类型组合,构成新的数据类型。利用结构体可以很方便地建立链表以及对链表操作。

在实际问题中,一组数据往往具有不同的数据类型。例如,在学生信息登记表中,通常包括学生的学号、姓名、性别、年龄、成绩、家庭地址等项目,姓名、学号、家庭地址应为字符数组,年龄应为整数,性别可为字符或字符数组,成绩可为整数或实数。显然不能用一个数组来存放这一组数据,因为数组中各元素的类型和长度都必须一致,便于编译系统处理。为了解决这个问题,C 语言中给出了另一种构造数据类型——结构(structure)或称结构体,它相当于其他高级语言中的记录。"结构"是一种构造类型,它由若干"成员"组成,每一个成员可以是一个基本数据类型或者又是一个构造数据类型,这些成员可以由用户根据需要自行定义,不同的"成员"可构成不同的结构体类型。

9.1.1　结构体类型定义

定义一个结构体类型的一般形式为:

  struct 结构体名

  {

    成员表列

  };

成员表列由若干个成员组成,每个成员都是该结构体的一个组成部分。对每个成员必须作类型说明,其形式为:

  类型说明符 成员名;

成员名的命名应符合标识符的书写规定。例如定义一个描述学生信息的结构体类型:

```
struct stu
{
    char num[20];
    char name[20];
    char sex;
    float score;
};
```

在这个结构体类型定义中,结构体名为 stu,该结构体由 4 个成员组成。第 1 个表示学号的成员为字符数组 num,第 2 个表示姓名的成员为字符数组 name,第 3 个表示性别的成员为字符变量 sex,第 4 个表示成绩的成员为浮点型变量 score。应注意大括号后面的分号不能丢掉。结构体定义之后,即可进行变量说明。凡说明为结构体 stu 的变量都由上述 4 个成员组成,例如 3 个学生就可以定义 3 个类型为 stu 的结构体变量。由此可见,结构体是一种复杂的数据类型,是数目固定、类型不同的若干有序成员变量的集合。

对于结构体类型中的成员既可以包括我们前面所学的数据类型,同样,结构体成员也可以是其他结构体类型。例如定义一个由日、月、年组成的名为 date 的结构体:

```
struct date
{
    int day;
    int month;
    int year;
};
```

将上面的名为 stu 的结构体修改为:

```
struct stu
{
    char num[20];
    char name [20];
    char sex;
    float score;
    struct date birthday;          //结构体类型的嵌套定义
};
```

可见,结构体 stu 增加了一个表示出生年月的成员为结构体类型 date 变量 birthday。此例说明结构体类型可以嵌套定义,即一个结构体类型中的某些成员又是其他结构体类型。通常嵌套不能包括本身的类型,即不能自己嵌套自己。但有一种特殊,C 语言允许定义指向本身类型的指针变量作为成员,这将在链表一节中详细说明。

在结构体类型定义的成员表列中,详细说明了各个成员的名称及其数据类型,就像一张数据表的表头部分一样,说明了一个数据结构包含了哪些数据项。定义结构体类型并不分配实际的存储空间,只有在定义了此类型的结构体变量后,编译系统才会为结构体变量分配相应的存储空间。

9.1.2　用 typedef 定义结构体类型

另一种定义结构体类型的方法是使用 typedef 关键字,定义的形式为:

typedef struct 结构体名

{

　　　　成员表列

} 新结构体类型名;

例如:

```
typedef struct stu
{
    char num[20];
    char name[20];
    char sex;
    float score;
} Student;
```

这样,结构体的声明生成了一个新结构体类型名 Student,接下来就可以用这个新类型名 Student 来定义结构体变量了。这种方法的好处是:可以省略 struct 关键字,或者使程序具有更好的可移植性。typedef 的详细说明见 9.10 节。

9.2　结构体类型变量的定义和引用

定义了一个结构体类型,只是确定了结构体由什么样的成员组成,但其中并无具体数据,系统对其也不分配实际内存单元。为了能在程序中使用结构体类型的数据,和前面变量的使用方法一样,都要遵循"先定义,后使用"的原则。即应先定义结构体类型的变量,然后才能对这些变量进行引用,并在其中存放具体的数据。

9.2.1　结构体类型变量的定义

结构体类型变量可以采取以下 3 种方法定义:

1. 先声明结构体类型再定义结构体变量名

　　struct 结构体名

　　{

　　　　成员表列

　　};

　　struct 结构体名 变量名表列;

注意:这种方法结构体名不能省略。如:

上面已定义了一个结构体类型 struct stu,可以用它来定义变量。

```
struct stu
{
    char num[20];
    char name[20];
    char sex;
    float score;
};
struct stu student1, student2;
```

其中 stu 为结构体类型名,student1,student2 为结构体变量名,即定义了 student1 和 student2 为 struct stu 类型的变量,这两个变量它们具有 struct stu 类型的结构。

2. 声明结构体类型的同时定义结构体变量

struct 结构体名

{

　　成员表列

} 变量名表列;

这种类型的声明和变量的定义放在了一个说明语句中。如:

```
struct stu
{
    char num[20];
    char name[20];
    char sex;
    float score;
} student1, student2;
```

3. 直接定义结构体类型变量

struct

{

　　成员表列

} 变量名表列;

这种定义方法没有出现结构体名,只能定义变量一次。如:

```
struct
{
    char num[20];
    char name[20];
    char sex;
    float score;
} student1, student2;
```

关于结构体类型和变量的几点说明:

(1)类型与变量是两个不同的概念,只能对变量赋值、存取或运算,而不能对一个类型赋值、存取或运算。在编译时,类型是不会分配存储空间的,只有定义了该类型的变量,系统才会为其分配存储空间,并且各个成员按照它们被声明的顺序在内存中顺序存储,整个结构体变量的地址与第 1 个成员的地址相同。

(2)结构体中的成员,可以单独使用,它的作用与地位相当于普通变量。

(3)成员名可以与程序中的变量名相同,两者不代表同一对象。例如在程序中定义一个 float 变量 score,它与 struct stu 中的成员 score 是两回事,互不干扰。float 变量 score 可以直接使用,struct stu 中的 score 应使用成员(分量)运算符进行引用。

(4)结构体变量所占用的内存单元数量的多少,不仅与所定义的结构体类型有关,同时还与计算机本身的结构有关。对多数计算机而言,结构体的结束地址必须与起始地址具有相同的对齐要求。也就是说,如果结构体必须从偶数地址边界开始,它也必须以偶数的字节边界结束。

例如:在一台要求所有 double 类型数据的地址为 8 个字节倍数的计算机上,下面这个结构体变量的长度可能是 24 个字节,而不是 18 个字节。如图 9-1 所示。

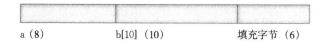

| a (8) | b[10] (10) | 填充字节 (6) |

图 9-1　结构体变量内存分配图

```
struct s
{
    double a;
    char b[10];
} s;
```

尾部 6 个额外的填充字节使结构体变量 s 所占空间满足对齐要求,即 8 的倍数。

所以,在计算一个结构体类型变量所占内存字节数时,应使用 sizeof 运算符,如 sizeof(struct s),而不要简单地进行各成员类型所需字节数相加,因为这样会使程序的移植性变差。

9.2.2　结构体类型变量的初始化

和其他类型变量一样,对结构体变量也可以在定义时进行初始化。如:

```
struct stu
{
    char num[20];
    char name[20];
    char sex;
    float score;
} student1={"32", "Lihong", 'M', 98};
```

如果结构体成员中包含结构体类型成员,即存在结构体类型嵌套时,初始化的方法如下:

```
struct date
{
    int day;
    int month;
    int year;
};
struct stu
{
    char num[20];
    char name[20];
    char sex;
    float score;
    struct date birthday;
} student1={"32", "Lihong", 'M', 98.5, {1, 2, 1988}};
```

由于构造结构体类型的成员多种多样,在进行初始化时要特别注意成员的数据类型的匹配。

9.2.3　结构体类型变量的引用

1. 成员(分量)运算符"."

圆点"."是成员(分量)运算符,它是运算符中优先级最高的运算符之一。C 语言规定,结构体变量不能作为一个整体进行输入、输出操作,只能对变量的每个具体的成员进行输入、输出操作,"."是成员(分量)运算符,用于访问结构体的各个成员分量。

2. 结构体变量的引用

在定义了结构体变量以后,就可以引用这个变量。

(1)引用结构体变量中成员的形式。

引用形式:**结构体变量名.成员名**

例如,已定义 student1 为结构体 stu 的变量并且它们已被初始化,如果要输出 student1 的各成员的值,可先看下面的程序段:

```
struct stu
{
    char num[20];
    char name[20];
    char sex;
    float score;
} student1={"32", "Lihong", 'M', 98};
printf("%s,%s,%c,%f\n",student1);
```

最后一行语句是错误的,student1 不能整体输出各成员的值,只能对结构体变量中的各个成员分别进行输入和输出。该语句应改为:

```
printf("%s,%s,%c,%f\n",student1.num,student1.name,student1.sex,student1.score);
```

student1.num,student1.name,student1.sex,student1.score 为对 student1 变量各个成员分量的正确引用。如 student1.num 表示 student1 变量中的 num 成员,即 student1 的 num(学号)项。

同样,也可以通过引用变量的成员进行赋值操作,例如:

```
student1.score=98;
```

上面赋值语句的作用是将实数 98 赋给 student1 变量中的成员 score。

注意:student1 变量的成员字符数组 name 按"%s"格式输出,所以引用为 student1.name,即数组的首地址。如果按"%c"输出 name 数组的第 1 个元素,则应引用为 student1.name[0]。

(2)如果成员本身是一个结构体类型,则需要以级联方式逐级引用到最低的一级的成员。只能对最低一级的成员进行赋值、存取以及运算。例如:

```
struct date
{
    int day;
    int month;
    int year;
};
struct stu
{
    char num[20];
    char name[20];
```

```
    char sex;
    float score;
    struct date birthday;
} student1={"32", "Lihong", 'M', 98.5, {1, 2, 1988}};
```

上面定义的结构体变量 student1,若要访问 birthday 成员,不能引用为:student1.birthday,因为 birthday 本身是一个结构体变量。只能引用为 student1.birthday.day,student1.birthday.month,student1.birthday.year。

(3)对结构体变量的成员可以像普通变量一样进行各种运算。例如:

```
    student2.score=student1.score;
    sum=student1.score+ student2.score;
    student1.score++;
    ++student1.score;
```

由于"."运算符的优先级最高,因此 student1.score++是对 student1.score 进行自加运算,而不是先对 score 进行自加运算。

(4)可以引用结构体变量成员的地址,也可以引用结构体变量的地址。但它们的含义是不同的。如:

```
    scanf("%f", &student1.score);              (输入 student1.score 的值)
    printf("%o", &student1);                   (输出 student1 的首地址)
```

但不能用如:scanf("%s,%s,%c,%f", &student1);语句整体读入结构体变量各成员的值。

结构体变量的地址主要用作函数参数,传递结构体变量的地址。

(5) ANSI C 中规定,允许具有相同结构体类型的结构体变量可以整体相互赋值,如:

【例 9.1】有程序如下:

```
#include <stdio.h>
int main()
{
    struct stu
    {
        char num[20];
        char name[20];
        char sex;
        float score;
    } student1={"32", "Lihong", 'M', 98}, student2;
    student2=student1;
    printf("%s", student2.num);
    return 0;
}
```

student2=student1;语句执行时按成员逐一复制,复制的结果是两个变量的成员具有完全相同的值。printf("%s", student2.num);输出的结果也是 32,即 student2 的 num 成员获得了和 student1 的 num 成员相同的值。

9.3 结 构 体 数 组

一个结构体变量中可以存放一组数据(如前面我们定义的学生结构体类型的学号、姓

名、性别、成绩等数据项)。如果要处理 10 个学生的数据,显然通过定义 10 个这样的结构体
类型变量来描述是很不方便的。数组是相同数据类型数据的集合,声明了学生结构体类型
后,我们完全可以用数组的方式来描述这 10 个学生的数据信息,这就是结构体数组。结构
体数组的每个数组元素都是一个结构体类型的数据,它们都分别包含各个成员(分量)项。

9.3.1　结构体数组的定义

和定义结构体变量的方法相仿,只需说明其为数组即可。如:

```
struct stu
{
    char num[20];
    char name[20];
    char sex;
    float score;
};
struct stu student[3];
```

也可以直接定义一个结构体数组,如:

```
struct stu
{   char num[20];
        char name[20];
        char sex;
        float score;
}student[3];
```

　或

```
struct
{   char num[20];
        char name[20];
        char sex;
        float score;
}student[3];
```

以上 3 种方法都是定义了一个结构体数组 student,数组有 3 个元素,和其他数据类型
的数组一样,结构体数组各个元素在内存中也是按顺序存放,也可从初始化,对结构体数组
元素的访问也要利用元素的下标。结构体数组元素的成员的引用形式为:

结构体数组名[元素下标].结构体成员名

如访问 student 数组第 2 个元素的 score 成员:

```
student[1]. score=98;
```

此语句为 student 数组第 2 个元素的 score 成员赋值为 98。

```
printf("%f",student[1]. score);
```

此语句输出 student 数组第 2 个元素的 score 成员的值。

9.3.2　结构体数组的初始化

和其他类型的数组一样,对结构体数组也可以初始化。如:

```
    struct stu
```

```
    {
        char num[20];
        char name[20];
        char sex;
        float score;
    } student[4]={
                    { "11","Li ping",'M',45 },
                    { "12","Zhang ping",'M',62.5 },
                    { "13","He fang",'F',92.5 },
                    { "14","Cheng ling",'F',87 },
                  };
```

当对全部元素作初始化赋值时,也可省略数组长度。这样,在编译时将第 1 对花括弧中的数据赋给 student[0]元素,第 2 对花括弧中的数据赋给 student[1]元素,…,如果初始化的数据组个数少于数组元素的个数,数组的长度不能省略。例如:

```
    struct stu
    {
        char num[20];
        char name[20];
        char sex;
        float score;
    } student[4]={
                    { "11","Li ping",'M',45 },
                    { "12","Zhang ping",'M',62.5 },
                    { "13","He fang",'F',92.5 },
                  };
```

上面的初始化只对前 3 个元素赋初值,其余的元素系统将对其中数值型成员赋值为 0,对字符型成员赋空操作字符 '\0' 或空串"\0"。

数组的初始化也可以用以下形式:

struct stu
{
　　char num[20];
　　…
};
struct stu student[]={{…},{…},{…}};

即先声明结构体类型,然后定义数组为该结构体类型,在定义数组时初始化,从以上可以看到,结构体数组初始化的一般形式是在定义数组的后面加上:"={初值列表};"。

9.3.3　结构体数组的应用

通过一个简单的例子来了解结构体数组定义和引用方法。

【例 9.2】程序要求计算出学生的总分和平均分,统计不及格人数以及男生和女生的人数。

```
    #include <stdio.h>
```

```
struct stu
{
    char num[20];
    char name[20];
    char sex;
    float score;
} student[8]={
            { "101","Li ping",'M',45 },
            { "102","Zhang ping",'M',62.5 },
            { "103","He fang",'F',92.5 },
            { "104","Cheng ling",'F',87 },
            { "105","zuo li",'M',58 },
            { "106","gan tian",'F',78 },
          };
int main()
{
    int i,c=0,boy=0,girl=0;
    float ave,s=0;
    for(i=6;i<8;i++)    /* 通过键盘输入元素 student[6],student[7]各成员的值*/
    {
        scanf("%s",&student[i].num);
        gets(student[i].name);
        scanf("%c",&student[i].sex);
        scanf("%f",&student[i].score);
    }
    for(i=0;i<8;i++)
    {
        s+=student[i].score;
        if(student[i].score<60) c+=1;
        if(student[i].sex=='M') boy++;
        else girl++;
    }
    printf("s=%f\n",s);
    ave=s/8;
    printf("average=%f\ncount=%d\n",ave,c);
    printf("boys=%d\ngirls=%d\n",boy,girl);
    return 0;
}
```

输入:107 chen hua↵

　　　F 86↵

　　　108 wang ming↵

　　　M 94↵

程序运行结果如下:

```
s=603.000000
average=75.375000
count=2
boys=4
girls=4
```

例 9.2 程序中定义了一个结构体数组 student,共 8 个元素,前 6 个做了初始化赋值,后 2 个元素的值通过循环从键盘输入。在 main 函数中用 for 语句逐个累加各元素的 score 成员值存于 s 之中,如 score 的值小于 60(不及格),计数器 c 即加 1,同时判断各元素的 sex 成员是否等于 'M',如等于,boy 变量自增一次,否则 girl 变量自增一次,循环完毕后计算平均成绩,并输出全班总分、平均分和不及格人数,最后输出男、女生人数的统计结果。

9.4 结构体与指针

通过对指针的学习知道,对于变量数值的访问有直接法(使用变量名)和间接法(使用指向该变量的指针)两种形式,对于结构体这种自定义的构造数据类型而言,一旦定义了某个结构体类型变量,系统编译时将为其分配存储地址空间,该地址空间的首地址就是这个结构体变量的第一个成员的内存地址。可以定义一个该类型的指针变量,用来指向这个结构体变量,此时该指针变量的值就是这个结构体变量的起始地址。指针变量也可以用来指向结构体数组中的元素。

9.4.1 结构体指针变量的定义

结构体变量的指针的定义和结构体变量的定义相似,结构体指针变量说明的一般形式为:

struct 结构体名
{
　　成员表列
};
struct 结构体名 *指针变量名表列;

例如:

```
struct stu
{
    char num[20];
    char name[20];
    char sex;
    float score;
};
struct stu *ptr1, *ptr2;
```

ptr1,ptr2 被定义为指向 stu 类型的结构体的指针变量。

也可以是:

struct 结构体名
{
　　成员表列
} *指针变量名表列;

如:
```
struct stu
{
    char num[20];
    char name[20];
    char sex;
    float score;
} *ptr1, *ptr2;
```
或者定义为:

struct

{

　　　成员表列

} *指针变量名表列;

9.4.2　结构体指针变量的赋值

　　指针的值必须是地址,结构体指针变量的值应该为其定义的相同结构体类型变量的地址,可以使用"&"取地址运算符通过赋值语句来完成指针的赋值,形式为:

　　　　结构体指针变量=& 表达式;

　　表达式可以为结构体变量的名称,也可以为结构体数组元素。如:
```
struct stu
{
    char num[20];
    char name[20];
    char sex;
    float score;
} student1, student[2];
struct stu *ptr1, *ptr2;
ptr1=&student1;
ptr2=&student[0];
```
　　以上定义了一个结构体名为 stu 的变量 student1 和有 2 个元素的结构体数组 student,定义了 2 个指向 stu 结构体类型的指针变量 ptr1,ptr2,其中 ptr1 获得了变量 student1 的地址,ptr2 获得了数组元素 student[0]的地址。

　　注意:和其他类型指针变量一样,结构体指针变量也必须要先赋值才能使用。赋值是把结构体变量的首地址赋予该指针变量,不能把结构体变量名赋予该指针变量。如上面的赋值语句写成 ptr1=&stu;就不正确了。

9.4.3　结构体指针变量的使用

　　定义了结构体指针变量,就能更方便地访问结构体变量的各个成员。其访问的一般形式为:

　　　　(* 结构体指针变量).成员名

　　如:(*ptr1).num,由于"."运算符优先级高于间接访问运算符"*",因此指针变量两边的小括号不能省略,否则会造成错误。

或为:

结构体指针变量-> 成员名

利用"—>"成员选择运算符访问成员的方式比较直观,现多采用这种方式。如:ptr1—>num,它表示指针 ptr1 所指向的结构体变量中的 num 成员。

对于一个结构体变量以及指向这个结构体变量的指针 p 而言,要访问这个结构体变量的某个成员,以下 3 种形式是等价的:

(1) **结构体变量.成员名**

(2) **(*p).成员名**

(3) **p-> 成员名**

注意区别以下运算:

p—>n　　得到 p 指向的结构体变量中的成员 n 的值。

p—>n++　　得到 p 指向的结构体变量中的成员 n 的值,用完该值后使它加 1。

++p—>n　　得到 p 指向的结构体变量中的成员 n 的值使之加 1(先加)。

【例 9.3】将例 9.1 改为指针访问结构体变量的成员方式。

```
#include <stdio.h>
int main()
{
    struct stu
    {
        char num[20];
        char name[20];
        char sex;
        float score;
    } student1={"32","Lihong",'M',98},*p;
    p=&student1;
    printf("%s,%c,%f",p-> num,(*p).sex,student1.score);
    return 0;
}
```

程序运行结果为:

```
32,M,98.000000
```

例 9.3 中定义了一个结构体变量 student1 和指针变量 p,并且将结构体变量 student1 的起始地址赋给了 p,p 即指向了 student1,p 通过"—>"或"."运算符可以间接地访问到 student1 变量的成员 num 和 sex 了。

9.4.4　指向结构体数组的指针

对于结构体数组或结构体数组元素也可以定义指向数组或某个元素的结构体指针,并且通过这些指针来间接访问结构体数组的元素成员。

【例 9.4】通过指向结构体数组的指针访问数组元素,计算出学生的总分和平均分,统计不及格人数以及男生和女生的人数。

```
#include <stdio.h>
```

```
struct stu
{
    char num[20];
    char name[20];
    char sex;
    float score;
} student[8]={
                {"101","Li ping",'M',45},
                {"102","Zhang ping",'M',62.5},
                {"103","He fang",'F',92.5},
                {"104","Cheng ling",'F',87},
                {"105","zuo li",'M',58},
                {"106","gan tian",'F',78},
                {"107","chen hua",'F',86},
                {"108","Wang ming",'M',94},
                };
struct stu *p=student;          /*指针 p 获得结构体数组 student 的首地址*/
int main()
{
    int i,c=0,boy=0,girl=0;
    float ave,s=0;
    for(i=0;i<8;i++)
    {
      s+=p->score;
      if(p->score<60) c+=1;
      if(p->sex=='M') boy++;
      else girl++;
      p++;                      /*p 下移指向下一个元素*/
    }
    printf("s=%f\n",s);
    ave=s/8;
    printf("average=%f\ncount=%d\n",ave,c);
    printf("boys=%d\ngirls=%d\n",boy,girl);
    system("pause");
    return 0;
}
```

程序运行结果如图 9-2 所示。

```
s=603.000000
average=75.375000
count=2
boys=4
girls=4
请按任意键继续. . .
```

图 9-2　例 9.4 运行过程

例9.4程序中定义了结构体指针p,p指向有8个元素的结构体数组student,在main函数中用for语句逐个访问数组元素的成员,每循环一次进行p++,使p指向数组的下一个元素,实际上,p自增一次跳过了sizeof(struct stu)个字节。比较下列用法:假设p指向数组student的第1个元素,则:

(++p)->num   先使指针p自加1,然后得到它指向的元素中的num成员值(即102);

(p++)->num   先得到p—>num的值(即101),然后使p自加1,指向student[1]。

应该注意的是,此程序中,p是一个指向struct stu类型数据的指针变量,它用来指向一个struct stu型的数据,即student数组的一个元素(如student[0],student[1]),而不应用来指向student数组元素中的某一成员。如语句写成:p=student[0].name;在编译时将给出警告信息,表示地址的类型不匹配。千万不要认为反正p是存放地址的,可以将任何地址赋给它。如果地址类型不一致,直接赋值的用法是不对的。此时,p的值是student[0]元素的name成员的起始地址。可以用"printf("%s",p);"输出student[0]中成员name的值,但是,p仍保持原来的类型。执行"printf("%s",p+1);",则会输出student[1]中name的值。也就是说执行p+1时,p仍然跳过sizeof(struct stu)的长度,而不是sizeof(char)的长度。

9.4.5 结构体指针数组

结构体指针数组是指数组的各个元素都是指向结构体类型的指针变量,定义结构体指针数组的形式为:

           struct 结构体类型名* 结构体数组名[数组元素个数];

其中,"struct 结构体类型名"是结构体类型说明符,"*"表明此处定义的是指针类型,数组元素个数是大于0的整型常量。

结构体指针数组的各个元素都是指向同一结构体类型的指针,赋值时要使用相同结构体类型的变量的地址。如:

```
struct stu
{
    char num[20];
    char name[20];
    char sex;
    float score;
} student1, student2, *ptr[2];
ptr[0]=&student1;
ptr[1]=&student2;
```

此例中,stu结构体变量student1,student2的首地址分别赋给了结构体指针数组的第0个和第1个元素。

9.5 结构体与函数

在定义函数时,形参可以是基本数据类型的变量、指针,也可以是结构体类型的变量和指向结构体类型的指针变量,相应地,函数调用时主调函数向被调函数进行参数传递有3种方式:传递结构体变量的成员、传递结构体变量、传递结构体变量的指针。

9.5.1　结构体变量的成员作为函数的参数

结构体变量的成员作参数,用法和普通变量作实参是一样的,是单向值传递方式。应当注意实参与形参的类型保持一致。这种方式在函数内部对参数进行操作,不会引起结构体数值的变化。

9.5.2　结构体变量作为函数的参数

老版本的 C 系统不允许用结构体变量做实参,ANSI C 取消了这一限制。但是用结构体变量作实参时,采取的是"值传递"的方式,将结构体变量所占的内存单元的内容全部顺序传递给形参,形参也必须是同类型的结构体变量。在函数调用期间形参也要占用内存单元,这种传递方式在空间和时间上开销较大,当结构体的规模很大时,开销是很可观的。因此一般较少用这种方法。

【例 9.5】有一个结构体变量 stu,内含学生学号、姓名和 3 门课的成绩。要求在 main 函数中赋值,在另一函数 print 中将它们打印输出。用结构体变量做函数参数。

```c
#include <stdio.h>
#include <string.h>
#define FORMAT "%s\n%s\n%f\n%f\n%f\n"
struct student
{
    char num[20];
    char name[20];
    float score[3];
};
int main()
{
    void print(struct student);
    struct student stu;
    strcpy(stu.num,"12345");
    strcpy(stu.name,"Li Li");
    stu.score[0]=67.5;
    stu.score[1]=89;
    stu.score[2]=78.6;
    print(stu);
    return 0;
}
void print(struct student stu)
{
    printf(FORMAT,stu.num,stu.name,stu.score[0],stu.score[1],stu.score[2]);
    printf("\n");
}
```

运行结果为:

```
12345
```

```
Li Li
67.500000
89.000000
78.599998
```

struct student 被定义为外部类型,这样,同一个源文件中的各个函数都可以用它来定义变量的类型。main 函数中的 stu 定义为 struct student 类型变量,print 函数中的形参 stu 也定义为 struct student 类型变量。在 main 函数中对 stu 的各成员赋值。在调用 print 函数时以 stu 为实参向形参 stu 进行"值传递"。在 print 函数中输出结构体变量 stu 各成员的值。

9.5.3 结构体变量的指针作为函数的参数

用指向结构体的指针(或一个结构体的地址)作为函数参数,由于这种方式的实质是传递一个结构体的地址,而并非将全部结构体成员的内容拷贝给被调函数,因此这种方式效率更高。

【例 9.6】计算一组学生的平均成绩和不及格人数。用结构体指针变量作函数参数编程。

```c
#include <stdio.h>
struct stu
{
    int num;
    char name[20];
    char sex;
    float score;
} student[8]={
                {"101","Li ping",'M',45 },
                {"102","Zhang ping",'M',62.5 },
                {"103","He fang",'F',92.5 },
                {"104","Cheng ling",'F',87 },
                {"105","zuo li",'M',58 },
                {"106","gan tian",'F',78 },
                {"107","chen hua",'F',86 },
                {"108","Wang ming",'M',94 },
            };

int main()
{
    struct stu *ps;
    void ave(struct stu *ps);
    ps=student;
    ave(ps);
    return 0;
}
void ave(struct stu *ps)
{
    int c=0,i;
    float ave,s=0;
```

```
    for(i=0;i<8;i++ ,ps++)
    {
        s+=ps->score;
        if(ps->score<60) c+=1;
    }
    printf("s=%f\n",s);
    ave=s/8;
    printf("average=%f\ncount=%d\n",ave,c);
}
```

程序运行结果为：

```
    s=603.000000
    average=75.375000
    count=2
```

例 9.6 程序中定义了函数 ave，其形参为结构体指针变量 ps。student 被定义为外部结构体数组，其作用域在整个源程序中有效。在 main 函数中定义说明了结构体指针变量 ps，并把 student 的首地址赋予它，使 ps 指向 student 数组。然后以 ps 做实参调用函数 ave。在函数 ave 中完成计算平均成绩和统计不及格人数的工作并输出结果。

注意：因为是地址传递，在被调函数内部对结构体成员的操作将影响到主调函数的结构体变量的成员的数值，也就是说被调函数操作的是和主调函数同一内存地址的数据。

9.5.4　函数的返回值为结构体类型和结构体指针类型

函数的返回值可以是结构体类型。例如，定义了一个描述学生信息的结构体数组：

```
    struct stu student[30];
```

数组元素的数据输入可以由如下形式的语句实现：

```
    for(i=0;i<30;i++)
        student[i]=input();
```

函数 input() 的功能是输入一个结构体数据，并将此数据返回给第 i 个数组元素，实现第 i 个学生信息的输入。

input() 函数定义如下：

```
    struct stu input()
    {
        int i;
        struct stu student;
        scanf("%s",&student.num);
        gets(student.name);
        for(i=0;i<3;i++)
            scanf("%f",&student.score[i]);
        return student;
    }
```

结构体指针类型也可以作为函数的返回值，在后面要介绍的动态数据结构中，会经常用到结构体指针类型作为函数返回值的类型。

*9.6　链表的基本操作

数组概念的引入,为C语言程序设计增加了很多灵活性。定义数组时必须明确数组元素的个数和类型,以便于系统为其分配相应的存储空间。由于数组元素在内存中必须连续存放在一段地址空间中,因此,对于大量数据的储存有可能引起空间分配不足,也可能由于空间分配太多而导致浪费。比如,利用数组建立一个学生信息表,对于学生的人数很难确定,只能按估计设定一个数组的长度,在实际使用中不可避免地会遇到一些问题:一种是,若学生人数超过数组的长度,程序将无法使用;另一种是,若学生人数远低于数组长度,将浪费系统的很多资源,或者,若有学生留级、退学等情况发生,程序也无法把该元素占用的空间从数组中释放出来。用动态存储的方法可以很好地解决这些问题,链表就是一种具有这种特征的数据结构,它能按需要动态地进行数据存储分配,并通过指针的指向将有关数据关联起来,通过对链表节点的操作可以改变数据的个数和关系。

9.6.1　链表概述

链表是指若干个数据项(每个数据项称为一个"节点")按一定的原则连接起来。每个数据项都包含有若干个数据和一个指向下一个数据项的指针,依靠这些指针将所有的数据项连接成一个链表。链表又分为单链表、双链表和循环链表。从链表中还能引出一些特殊的数据结构,如堆栈、队列等。链表的简单原理如图9-3所示。

图9-3　链表原理图

链表的每个元素称为一个节点(Node)。每个节点都包含两部分(第一部分data,第二部分next)。data是用户需要的数据(可以是一个成员或多个成员),称为链表的数据域;next为下一个节点的地址,或称为指向下一个节点的指针,它也称为链表的指针域。链表有一个头指针变量head,它指向链表的第1个元素,即指向第1个节点。可以看出,该链表节点涉及了3个概念:链表的起始节点、链表的结束节点、链表的中间节点。

链表的头指针是指向第1个节点(链表的起始节点)的指针,链表是一个节点连着一个节点,每个节点都存储在内存的不同位置,只有找到第1个节点才能通过第1个节点找到第2个节点,这样依次找到后面的节点,所以指向第1个节点的指针不能丢失,否则整个链表将无法操作,我们将指向第1个节点的指针存放在头指针变量head中。

链表的尾部是链表在某个时刻的最后一个节点(链表的结束节点),它不再指到其他节点了。所以将该节点的指针域next指向空地址(NULL),即链表的最后一个节点是指针域为NULL的节点。链表的长度不是固定的,随时可以添加,如果添加到链表的尾部,则新的节点将成为链表的尾节点。所以一个在尾部添加的新节点,其指针域next必须赋空值(NULL),并使原来链表的结尾指针域指向该新节点,从而使自己变成中间节点。

为了实现上述链表结构,必须用指针变量来实现。一个节点中应包含一个指针变量,用它来存放下个节点的地址,所以该指针必须是与结构体相同的数据类型。链表中的每一个节点都是同一种结构体类型。非常特殊的一点就是结构体内的指针域的数据类型使用了未定义成功的数据类型。这是在 C 语言中唯一规定可以先使用后定义的数据结构。如：

```
struct node
{
    int data;
    struct node * next
};
```

例如，一个存放学生学号和成绩的节点应为以下结构：

```
struct stu
{
    char num[20];
    int score;
    struct stu * next;
};
```

在该结构体中，num 和 score 构成了节点的数据域，next 构成了该节点的指针域，next 保存了指向下一个相同结构体类型节点的地址或作为尾节点的空地址（NULL）。

从链表的基本原理来看，单链表就是节点结构中只存在一个指针，由该指针指向后续的节点。双链表就是在节点结构中存在两个指针，分别指向该节点的前节点和后节点。单链表和双链表都属于两端开口的形式，而循环链表则是一种封闭的形式，其最后的一个节点通过指针与最前面的节点连接，构成了一个环路。双链表和循环链表的操作较为复杂，本书不作介绍。有兴趣的读者可参考与数据结构有关的书籍。

我们以建一个简单的学生成绩管理系统为例，来对链表的操作进行具体的讲解。

9.6.2　动态链表的建立

建立动态链表是指在程序执行过程中从无到有地建立起一个链表，即一个一个地开辟节点和输入各节点数据，并建立起前后相连的关系。

单链表的创建过程有以下几步：

（1）定义链表的数据结构。

（2）创建一个空表，如图 9-4（a）所示。

（3）利用 malloc( )函数向系统申请分配一个节点，如图 9-4（b）所示。

（4）将新节点的指针成员赋值为空。若是空表，将新节点连接到表头，如图 9-4（c）所示；若是非空表，将新节点接到表尾，如图 9-4（d）所示。

（5）判断一下是否有后续节点要接入链表，若有转到（3），如图 9-4（e）所示；否则结束，如图 9-4（f）所示。

单链表的输出过程有以下几步：

（1）找到表头。

（2）若是非空表，输出节点的成员值，若是空表则退出。

（3）跟踪链表的增长，即找到下一个节点的地址。

（4）转到（2）。

【例 9.7】为简单起见，建立一个 3 个节点的链表，存放学生数据，并在主程序中输出这些节点的成员的值。假定学生数据结构中只有学号和成绩两项。可编写一个建立链表的函数 create。程序如下：

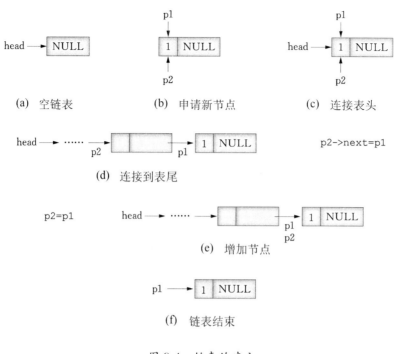

(a)　空链表　　　　　　(b)　申请新节点　　　　　　(c)　连接表头

(d)　连接到表尾

(e)　增加节点

(f)　链表结束

图 9-4　链表的建立

```
#include <malloc.h>
#include <stdlib.h>
#include <stdio.h>
#include <string.h>
#define N 3                          /* 定义节点的个数*/
#define LEN sizeof(struct grade)     /* 定义节点长度*/
/*定义节点结构*/
struct grade
{
    char no[7];                      /* 学号*/
    int score;                       /* 成绩*/
    struct grade *next;              /*指针域*/
};

/* create()函数功能：创建一个具有头节点的单链表*/
/* 形参:无*/
/* 返回值:返回单链表的头指针*/
struct grade *create(void)
{
    struct grade *head=NULL, *new, *tail;
    int i=1;
    for( ;i<=N; i++)                 /* 循环语句输入 N 个节点的数据域的值*/
    {
        new=(struct grade *)malloc(LEN);  /* 向系统申请一个新节点的空间*/
```

```
        printf("Input the number of student No.%d(6 bytes): ", i);
        scanf("%s", new->no);
        if(strcmp(new->no, "000000")==0)   /* 如果学号为 6 个 0,则退出 */
            {
                free(new);                 /* 释放最后申请的节点空间 */
                break;                     /* 结束 for 语句 */
            }
        printf("Input the score of the student No.%d:", i);
        scanf("%d", &new ->score);
        new-> next=NULL;                   /* 置新节点的指针域为空 */
        /* 将新节点插入到链表尾,并设置新的尾指针 */
        if(i==1)   head=new;               /* 是第 1 个节点,置头指针 */
        else tail->next=new;               /* 非首节点,将新节点插入到链表尾 */
        tail=new;                          /* 设置新的尾节点 */
    }
    return(head);                          /* 创建 N 个节点结束,返回 head 指针 */
}


main()
{
    struct grade *p;
    int i;
    p=create();        /*指针 p 获得 create 函数创建链表后返回的链表的头指针 head*/
    if(p !=NULL)
    for(i=1;i<=N;i++)
    {
        printf("%s:%d\n",p->no,p->score);
        /* 从链表的第 1 个节点开始输出数据域的成员的值 */
        p=p->next;                         /*指针 p 指向下一个节点 */
    }
    system("pause");
}
```

【思考题】例 9.7 的程序是将新节点插入链表的尾部,如果要将每次新插入的节点作为链表的第一个节点,程序应该如何处理?

9.6.3　在链表中删除节点

对链表节点进行删除操作的方法是:首先遍历链表,找到被删节点。如果该节点位于表头,则将表头指针指向该节点的下一个节点;如果该节点位于其他位置,则将该节点的前一个节点直接指向该节点的下一个节点。另外,需要注意的就是:如果该节点被删除,则要用 free 操作释放该节点所占用的内存空间,否则会造成内存泄漏。具体步骤如下:

(1)获得第 1 个节点的地址,从第 1 个节点开始找;p1＝head－>next,p2＝head;如图 9-5(a),(b)所示。

(2)找将要被删除的节点 B 的位置。若找到,则 p1 所指的节点 B 就是所要删除的节点;此时,p2指向所要删除的节点的前驱节点 A;否则,继续查找;即 p1 和 p2 指针同时向后移,直到找到为止。

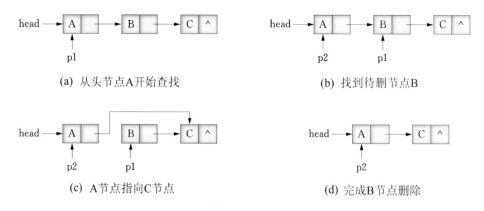

(a) 从头节点A开始查找　　　　　　　　　(b) 找到待删节点B

(c) A节点指向C节点　　　　　　　　　　(d) 完成B节点删除

图 9-5　链表节点的删除

(3)将准备删除节点 B 的下一个节点 C 的地址存储到其前一个节点的指针域中。p2 —>next＝p1—>next;如图 9-5(c)所示。

(4)将准备删除的节点 B 删除,free(p1);如图 9-5(d)所示。

(5)结束。

【例 9.8】将例 9.7 所建链表按学号删除一个节点,函数 del 程序如下:

```c
struct grade *del( struct grade *head)
{
    char num[7];
    struct grade *p1;                    /*指向要删除的节点 */
    struct grade *p2;                    /*指向 p1 的前一个节点 */
    printf("input the del no:");
    scanf("%s",num);
    if(head==NULL)                       /* 判断是否为空表 */
    {
        printf("\n List is NULL\n");
        return(head);
    }
    p1=head;
    while(strcmp(p1->no,num) !=0 &&p1->next !=NULL)  /* 查找要删除的节点 */
    {
        p2=p1;
        p1=p1->next;
    }
    if(strcmp(p1->no,num)==0)            /* 找到符合条件的节点*/
    {
        if(p1==head)                     /* 要删除的是头节点*/
            head=p1->next;
        else                             /* 要删除的不是头节点 */
```

```
        p2->next=p1->next;
        free(p1);                    /* 释放被删除节点所占的内存空间 */
        printf("delete:%s\n", num);
    }
    else                             /* 在表中未找到要删除的节点 */
        printf("%s not found\n",num);
    return(head);                    /* 返回新的表头 */
}
main()
{
    struct grade *p,*q;
    int i;
    q=p=create(); /*指针 p 和 q 获得 create 函数创建链表后返回的链表的头指针 head*/
    if(p!=NULL)
    for(i=1;i<=N;i++)
        {   printf("%s:%d\n",p->no,p->score);
            /* 从链表的第一个节点开始输出数据域的成员的值 */
            p=p->next;               /*指针 p 指向下一个节点 */
        }
        p=del(q); /* 调用 del 函数删除一个节点,指针 p 重新获得链表的头指针 head*/
        if(p!=NULL)
        for(i=1;i<=N&&p!=NULL;i++)
            {   printf("%s:%d\n",p->no,p->score);
                /* 从链表的第一个节点开始输出数据域的成员的值 */
                p=p->next;           /*指针 p 指向下一个节点 */
            }
        system("pause");
}
```

9.6.4　在链表中插入节点

对链表的插入是指将一个节点插入到一个已有的链表中。若已有一个链表,要插入一个新的节点,要求在 A 节点后插入。具体的步骤为:

(1)获得第 1 个节点的地址。

(2)找到插入节点 A 的位置,如图 9-6(a)所示。

(3)创建新的节点 C,如图 9-6(b)所示。

(4)将当前节点 A 的下一个节点 B 的地址存储到新创建节点 C 的指针域中,将新节点 C 的地址存储到当前节点 A 的指针域中。p2->next=p1->next;p1->next=p2。如图 9-6(b)所示。

(5)结束,如图 9-6(c)所示。

【例 9.9】将例 9.7 所建链表按学号位置插入一个节点,函数 insert 程序如下:

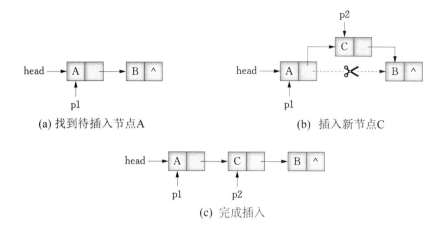

(a) 找到待插入节点A　　　　　　　　(b) 插入新节点C

(c) 完成插入

图 9-6　链表节点的插入

```
void insert(struct grade* head)
{
    char num[7];
    struct grade *p1;                          /*指向要插入节点的前驱节点*/
    struct grade *p2;                          /*指向要插入的新节点*/
    p1=head;
    printf("input the insert no:");
    scanf("%s",num);                           /* 输入插入节点的前驱节点成员学号的值*/
    while(p1 !=NULL)
    {
        if(strcmp(p1->no,num) !=0)
            p1=p1->next;
        else break;                            /* 找到要插入节点的前驱节点*/
    }
    p2= (struct grade*)malloc(LEN);            /* 向系统申请一个新节点的空间*/
    scanf("%s",p2->no);
    scanf("%d", &p2->score);                   /* 添加新节点的数据域的各成员的值*/
    p2->next=p1->next;                         /* 将前驱节点指针域的值赋给新节点*/
    p1->next=p2;                               /* 将新节点的地址赋给前驱节点的指针域*/
}
```

9.6.5　链表中节点的排序

对于排序的方法,主要有冒泡排序、直接选择排序等算法,关键是确定内外循环的循环次数以及要交换的数据,由于链表的节点中除了存放数据内容外,还要包含指向下一个节点的指针,因此在交换中不能直接使用两个结构体变量直接赋值的方式,而要使用中间变量,为两个需要交换数据域各成员内容的节点进行数据交换。

【例 9.10】将例 9.7 所建链表按学号由小到大进行排序,函数 sort 程序如下:

```
void sort(struct grade *head)
```

```
{
    char num[7];
    int temp;
    struct grade *p1;
    struct grade *p2;                   /*  p1,p2 指向要排序节点 */
    struct grade *p;                    /*指向两个节点中学号较小的节点 */
    p1=head;

    while(p1 !=NULL)                    /*  若 p1 所指节点为 NULL,外循环结束 */
    {
        p2=p1->next;
        p=p1;

        while(p2 !=NULL)                /*  若 p2 所指节点为 NULL,本次循环比较结束 */
        {
            if(strcmp(p->no,p2->no)>0)
                p=p2;                    /*  两个节点比较,p 指向学号较小的节点 */
            p2=p2->next;

        }
        strcpy(num,p->no);
        /* 一轮比较结束,将学号最小的节点的数据域与本轮最前面的节点的数据域互换 */
        temp=p->score;
        strcpy(p->no,p1->no);
        p->score=p1->score;
        strcpy(p1->no,num);
        p1->score=temp;
        p1=p1->next;                     /*  p1 向链表后移一个节点 */
    }
}
```

9.7　共用体类型数据的定义和引用

　　共用体也是一种构造数据类型,是将不同的数据项组织成一个整体,它们在内存中占用同一段存储单元,几个变量成员互相覆盖。共用体占用空间的大小由数据项中需要空间最大的成员决定,其操作特点是在同一时刻只有一个成员是有意义的。

9.7.1　共用体的定义

1. 共用体类型定义
和结构体的定义相似,共用体类型定义形式为:
　　union 共用体类型名
　　{

　　成员列表；

　　};

其中 union 是 C 语言的关键字，共用体类型名只要符合 C 语言标识符命名规则即可。例如：

```
union data
{    int a;
     char b;
     float c;
};
```

在这个共用体类型定义中，共用体名为 data，由 3 个成员组成。第 1 个成员为整型变量 a；第 2 个成员为字符变量 b；第 3 个成员为实型变量 c；应注意大括号后面的分号不能丢。共用体定义之后，即可进行变量说明，凡说明为共用体 data 的变量都由上述 3 个成员组成。"共用体"与"结构体"的定义形式相似，但它们的含义不同：结构体变量所占内存长度是各成员所占符合编译系统规定的内存长度之和，每个成员分别占有自己的内存单元；共用体变量占用的内存空间等于最长成员的所需长度，而不是各成员长度之和。

2．定义共用体类型变量

(1) 在定义共用体类型后，再定义共用体类型变量

例如：union data x,y,z;

(2) 在定义共用体类型的同时，定义共用体类型变量

例如：

```
union data
{    int a;
     char b;
     float c;
} x,y,z;
```

9.7.2　共用体类型变量的引用

只有先定义了共用体变量才能引用它，而且不能直接引用共用体变量，只能引用共用体变量中的成员。例如，前面定义了 x，y，z 为共用体变量，下面的引用方式才是正确的：

　　x.a　（引用共用体变量 x 中的整型变量 a）

　　x.b　（引用共用体变量 x 中的字符变量 b）

　　x.c　（引用共用体变量 x 中的实型变量 c）

需要说明的是：

(1)系统采用覆盖技术，实现共用体变量各成员的内存共享，在某一时刻，存放的和起作用的是最后一次存入的成员值。例如：

执行 x.a=1，x.b='c'，x.c=3.14 后，x.c 才是有效的成员。

(2)由于所有成员共享同一内存空间，故共用体变量与其各成员的地址相同。例如：

　　&x=&x.a=&x.b=&x.c

(3)不能对共用体变量名赋值，不能企图引用变量名来得到一个值，不能对共用体变量进行初始化(注意：结构体变量可以)，也不能将共用体变量作为函数参数以及使函数返回一个共用体数据，但可以使用指向共用体变量的指针。

（4）共用体类型可以出现在结构体类型定义中，也可以定义共用体数组。反之，结构体也可以出现在共用体类型定义中，数组也可以作为共用体的成员。

（5）共用体变量的长度是表示它的最大成员所需要的存储空间以及尾部满足适当的边界对齐要求的填充空间。例如：在一台要求所有 double 类型数据的地址为 8 个字节倍数的计算机上，下面这个共用体变量的长度将是 16 个字节，而不是最大成员的长度 10 个字节。如图 9-7 所示。

```
union u
{
    double a;
    char b[10];
} s;
```

a(8)	填充字节(8)
b[10](10)	填充字节(6)

图 9-7　共用体内存分配图

成员 a 和成员 b[10] 共用 16 个字节长度的内存，尾部额外的填充字节使共用体变量 s 所占空间满足对齐要求，即 8 的倍数。

【例 9.11】编写一个程序实现输出一个 int 型数据的高字节和低字节两个数。

可以利用共同体的特点解决这个问题，程序如下：

```
#include "stdio.h"
union disa
{   int x;
    char ch[2];
};

int main()
{   union disa num;
    printf("please enter a integer:");
    scanf("%d",&num.x);
    printf("low:%d,%c\n",num.ch[0], num.ch[0]);
    printf("high:%d,%c\n",num.ch[1], num.ch[1]);
    return 0;
}
```

运行程序时如果输入：16738

系统会将整数 16738 以二进制（01000001 01100010）的形式存入存储单元，如图 9-8 所示。

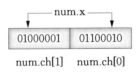

图 9-8　共用体成员数据内存示意图

从图 9-8 可以看出，低字节二进制"01100010"转换成十进制为"98"，是字符 'b' 的 ASCII 值；而高字节二进制"01000001"转换成十进制为"65"，是字符 'A' 的 ASCII 值，所以本程序的运行结果为：

```
low:98, b
high:65, A
```

*9.8　枚举类型数据的定义和引用

枚举类型是 ANSI C 新标准增加的类型。如果一个变量只有几种可能的值,可以定义为枚举类型。所谓"枚举"是指将变量的值一一列举出来,变量的值只限于所列举范围的值。

1. 枚举类型定义的一般格式

enum 枚举类型名{枚举值表};

在枚举值表中应罗列出所有可能会用的值,这些值也称为枚举元素。例如:

```
enum week {sun,mon,tue,wed,thu,fri,sat};
```

其中,enum 是 C 语言中的关键字。sun,mon,tue,wed,thu,fri,sat 这 7 个枚举元素称为枚举常量,系统把它们当作常量来使用。

2. 枚举类型变量的定义和引用

枚举变量的定义同样也有 3 种方式,例如:

```
enum week workday, weekday;
```

或

```
enum week{sun,mon,tue,wed,thu,fri,sat} workday,weekday;
```

或

```
enum {sun,mon,tue,wed,thu,fri,sat} workday,weekday;
```

以上定义的枚举变量 workday,weekday 的值只能是 sun 到 sat 其中之一,不能超出这个范围。例如以下赋值语句是正确的:

```
workday=thu;
weekday=sun;
```

说明:

(1)在 C 语言编译中,对枚举元素按常量处理,故称枚举常量。它们不是变量,不能对它们赋值。例如:sun=0; mon=1;是错误的。

(2)枚举元素作为常量,它们是有值的,C 语言编译系统按定义时的顺序使它们的值设为 0,1,2,…。

在上面的定义中,sun 的值为 0,mon 的值为 1,……,sat 为 6。如果有赋值语句:

```
workday=mon;
```

workday 变量的值为 1。这个整数是可以输出的。如:

```
printf("%d", workday);
```
将输出整数 1。

也可以改变枚举元素的值,在定义时由程序员指定:

```
enum weekday{sun=7,mon=1,tue,wed,thu,fri,sat} workday,weekday;
```

定义 sun 为 7,mon=1,以后顺序加 1,sat 为 6。

(3)枚举值可以用来做判断比较。如:

```
if(workday==mon)…
if(workday >sun)…
```

枚举值的比较规则是按其在定义时的顺序号比较。如果定义时未人为指定值,则第一个枚举元素的值默认为 0,那么 mon>sun,sat>fri。

(4)一个整数不能直接赋给一个枚举变量。如:

```
workday=2;
```
是不对的。

它们属于不同的类型。应先进行强制类型转换才能赋值。如：

```
workday= (enum weekday)2;
```

它相当于将顺序号为 2 的枚举元素赋值给 workday,相当于

```
workday=tue;
```

甚至可以是表达式。如：

```
workday= (enum weekday) (5- 3);
```

【例 9.12】输入一个学生成绩,并由百分制转换成等级制。

```
#include <stdio.h>
int main()
{    enum grade{Fail=5,Pass,Middle,Fine,Excellent} g;
     int score;
     printf("请输入学生的分数:");
     scanf("%d",&score);
     g=enum grade (score/10);
     if(g<5) g=5;
     if(g >9) g=9;
     printf("\n该学生的等级分为:");
     switch(g)
     {
         case Fail: printf("不及格");break;
         case Pass: printf("及格");break;
         case Middle: printf("中等");break;
         case Fine: printf("良好");break;
         case Excellent: printf("优秀");break;
     }
     printf("\n");
     return 0;
}
```

程序运行结果：

请输入学生的分数:75↵

该学生的等级分为:中等

该程序输入 75 分时,变量 g 的值为 7,与枚举常量元素 Middle 的值相等,故输出中等。

*9.9　位运算和位段

　　一般信息的存取都是以字节为单位的,但有时候因为数据较小等原因,不需要一个字节的空间,C 语言也提供了可以按位存取的方法,这就是位段。在数据处理中,有时需要对数据按二进制位进行处理,例如将一个数按二进制位进行左移 2 位,或将两个数据按二进制位进行与运算等。为此,C 语言提供了位运算符,实现对数据按二进制位的多种处理方法。

9.9.1 位运算

1. 按位与运算符(&)

按位与运算符"&"是双目运算符。其功能是参与运算的两个数以计算机内部补码二进制形式按位进行与运算,当两个相应的位都为1,则该运算的结果值为1,否则为0。即:

    0&0=0;0&1=0;1&0=0;1&1=1;

例如:3&5 并不等于8,而是按位与运算:

3 的补码为00000011,5 的补码为00000101;3&5 ->00000001,因此,3&5 的值得1。

按位与运算有一些特殊的用途:

(1)按位与运算通常用来对某些数据位置清0。要想使数据中某些位置为0,可以与一个数进行 & 运算,此数在该位置取0,其他位取1。

(2)要想保留数据中某些位,可以与一个数进行 & 运算,此数在该位置取1,其他位置为0。例如有一个整数 a=3578,其二进制表示为 0000110111111010(2 个字节),如想要其中的低 8 位,只需将 a 与 255(其二进制表示为 11111111)进行按位与运算即可。

2. 按位或运算符(|)

按位或运算符"|"是双目运算符。其功能是参与运算的两数各对应的二进制位相"或",两个相应位中只要有一个为1,该位的结果值为1。即:

    0|0=0; 0|1=1; 1|0=1; 1|1=1;

例如,将八进制数 060(00110000)与八进制数 017(00001111)进行按位或运算结果为 077(00111111)。

3. 按位异或运算符(∧)

按位异或运算符∧也称 XOR 运算符。它的规则是若参与运算的两个二进制位相同,则结果为0(假);相异则为1(真)。即:

    0∧0=0; 0∧1=1; 1∧0=1; 1∧1=0;

例如,将八进制数 071(00111001)与八进制数 017(00001111)进行按位异或运算结果为 066(00110110)。

异或运算符的应用如下。

(1)使特定位翻转。假设有 01111010,想使其低 4 位翻转,即 1 变为 0,0 变为 1,可以将它与 00001111 进行∧运算,即:

$$
\begin{array}{r}
01111010 \\
\wedge \quad 00001111 \\
\hline
01110101
\end{array}
$$

(2)与 0 相异或,保留原值,例如:012∧00=012,因为原数中的 1 与 0 进行异或运算得 1,0∧0 得 0,故保留原数。

(3)交换两个值,不用临时变量,例如:a=3,b=4。想将 a 和 b 值交换,可以用以下赋值语句来实现:a=a∧b; b=b∧a; a=a∧b; 。

4. 按位取反运算符(∼)

按位取反运算符"∼"是一个单目(元)运算符,用来对一个二进制数按位取反,即将 0 变 1,1 变 0。例如,∼025 是对八进制数 025(即二进制数 0000000000010101)按位求反而得 1111111111101010。

注意:"～"运算符的优先级别比算术运算符、关系运算符、逻辑运算符和其他位运算符都高,例如,"～a&b",先进行"～a"运算,然后进行 & 运算。

5. 左移运算符(<<)

左移运算符用来将一个数的二进位全部左移若干位。移出左端的高位被舍弃,低位补 0。左移 1 位相当于该数乘以 2,左移 2 位相当于该数乘以 2×2=4,例如,a 为字符类型变量,当 a 的值为 64 或 127 时,左移一位和左移二位后的情况如下:

a 的值	a 的补码形式	a<<1	a<<2
64	01000000	0:10000000	01:00000000
127	01111111	0:11111110	01:11111100

可以看出,a=64 左移 1 位时相当于乘 2,左移 2 位后,值等于 0(低 8 位为 0,溢出的高位中包含 1)。

6. 右移运算符(>>)

右移运算符用来将一个数的二进位全部右移若干位。移出右端的低位被舍弃,对无符号数,高位补 0。例如 a=017 时:

a 为 00001111,a>>2 为 00000011:11(此二位舍弃)

注意:右移运算时符号位问题:对无符号数,右移时左边高位移入 0。而对于有符号的值,如果原来符号位为 0(该数为正)则左边也是移入 0,如同上例符号没发生变化;如果符号位原来为 1(即负数),则左边移入的是 0 还是 1,要取决于所用的计算机系统。有的系统移入 0,有的移入 1。移入 0 的称为"逻辑右移",即简单右移;移入 1 的称为"算术右移"。

7. 位运算赋值运算符

位运算符与赋值运算符可以组成复合赋值运算符,如:&=,|=,>>=,<<=,∧=。例如,a&=b 相当于 a=a&b。a<<=2 相当于:a=a<<2。

不同长度的数据进行位运算:如果两个数据长度不同(例如 long 型和 int 型)进行位运算时(如 a&b,而 a 为 long 型,b 为 int 型),系统会将两者按右端对齐。如果 b 为正数,则左端 16 位补满为 0。若 b 为负,左端应补满 1。如果 b 为无符号整数型,则左端添满 0。

【例 9.13】从键盘上输入一个正整数给 int 变量 num,按二进制位输出该数。

```
#include "stdio.h"
int main()
{   int num, mask, i;
    printf("Input a integer number:");
    scanf("%d",&num);
    mask=1<<15;                    /* 构造一个最高位为 1、其余各位为 0 的整数 (屏蔽字)*/
    printf("%d=", num);
    for(i=1; i<=16; i++)
    {   putchar(num&mask ? '1': '0');/* 输出最高位的值 (1 或 0)*/
        num<<=1;                   /* 将次高位移到最高位上 */
        if(i%4==0) putchar(',');   /* 四位一组,用逗号分开 */
    }
    printf("\bB\n");
    return 0;
}
```

　　程序首先通过 1 左移 15 位构造一个整数 1000000000000000,用此数和输入的正整数 num 做 & 运算,取出最高位的值,接下来 num 左移一位,将次高位移到最高位上,通过循环结构依次取出各位上的数输出。

9.9.2　位段

　　有些信息在存储时,并不需要占用一个完整的字节,而只需占一个或几个二进制位。例如,存放一个开关量时,只有 0 和 1 两种状态,用一位二进位即可。如果用字符(char)类型的变量来表示,要占用内存一个字节(8 位),浪费了存储空间。另外,有时要存取一个或多个字节的某几位,或对一个或多个字节的某几位进行位运算,虽然按位运算可以完成这些操作,但较烦琐。为了节省存储空间,并使上述问题处理简便,C 语言又提供了一种数据结构,称为"位段"。

1. 位段的定义

　　所谓位段是以位为单位定义变量占用内存空间的大小。C 语言中没有专门的位段类型,而是借助于结构体类型,以二进制位为单位来说明结构体中成员所占空间的大小。例如:

```
struct bit_field
{
    unsigned a: 4;
    unsigned b: 6;
    unsigned c: 10;
    char i;
} x;
```

　　以上定义了一个结构体变量 x,它有 3 个位段成员和一个字符型成员。系统为变量 x 在内存中分配的存储空间如图 9-9 所示。

图 9-9　变量 x 的内存分配图

　　位段定义的一般形式为:

struct 结构体名

{

　　类型名 位段名:整型常量表达式;

　　　　　　⋮

} 变量名表;

　　说明:

　　(1)此处类型名只能是 unsigned 或 int 类型。整型常量表达式用于指定每个位段的宽度,即该位段占内存多少位。位段宽度的取值范围在 0～16 之间。

　　(2)有时位段名可以省略。省略时,该位段称为无名位段,无名位段的作用是跳过不使用的某几个位,当无名位段宽度为 0 时,将使下一个位段从一个新的字节开始存放。

　　(3)位段成员的内存空间分配方向,因机器而异。有的机器从右向左分配,即"从低字节到高字节"分配位段成员的存储空间。有的机器从左向右分配,即"从高字节向低字节分配"。使用时应注意首尾相连接的问题。

（4）不能使用数组做位段成员，但位段变量可以是数组。

（5）位段总长度（位数），是各个位段成员的长度（位数）之和。位段总长度可以超过两个字节。

（6）一个结构体内可以在定义位段成员的同时定义其他非位段成员。VC＋＋ 6.0 中，存储空间的分配以长度最大的成员所需字节作为一个存储单元，系统按需顺序分配，不够时，增加一个存储单元的长度，结构体变量的非位段成员要从一个新的字节开始分配存储空间，中间空闲的若干位将不被使用。

2．位段的引用

位段成员的引用与结构体成员的引用相类似。例如，对于上述例子中定义的变量 x，下面语句是合法的：

```
x.a=7;
x.c=300;
printf("%d", x.a+x.c> > 2);
```

说明：

（1）位段可以进行赋值操作，所赋之值可以是整数。赋值时，应注意位段允许的最大值范围。例如上面 x.a 定义的位段宽度为 4，如果 x.a＝17 就错了。赋值语句中，赋值表达式的值超出位段的宽度时，则自动取值的低位赋值。17 的二进制数是 10001，而 x.a 的宽度只有 4 位，取 10001 的低 4 位赋值给 x.a，因此赋值后 x.a 的值为 1，而不是 17。

（2）位段可以按整型格式输出，可以在 printf 函数中使用"%d""%u""%o""%x"等输出格式字符。

（3）不能对位段成员求地址，因此也不能由键盘读入位段值。例如，语句：

```
scanf("%u", &x.a);
```

是非法的。

（4）位段成员可以进行算术表达式的运算，系统自动将其转换成整型。

9.10　自定义类型（typedef）

除了可以直接使用 C 语言提供的标准类型名（如 int，char，float，double，long 等）和自己声明的结构体、共用体、指针、枚举类型外，还可以用 typedef 声明新的类型名来代替已有的类型名。如：

```
typedef int INTEGER;
typedef float REAL;
```

指定用 INTEGER 代表 int 类型，REAL 代表 float。这样，以下两行等价：

```
int i, j; float a, b;
INTEGER i, j; REAL a, b;
```

这样可以使熟悉 FORTRAN 的人能用 INTEGER 和 REAL 来定义变量，以适应他们的习惯。

typedef 语句的一般形式是：

```
typedef 类型名 新类型名
```

typedef 只说明了一个数据类型的新名字（别名），而不是产生了一种新的数据类型，原有类型名依然有效。"类型名"是在此语句之前已经定义了的类型标识符。"新类型名"是一个用户定义标识符,是新的类型名。typedef 可用来说明数组、结构体、共用体以及枚举型等类型名。下面举例说明。

1. typedef 用于定义数组类型名

```
typedef int ARRAY[10];    /* 说明 ARRAY 为有 10 个元素的整型数组类型名*/
ARRAY a, b;               /* 定义 a 与 b 为整型数组变量,数组变量 a 与 b 各有 10 个元素*/
```

2. typedef 用于定义结构体类型名

```
typedef struct
{    char number[10];
     char name[10];
     float score[5];
} STUDENT;                /* 说明 STUDENT 为一个结构体类型名*/
STUDENT stu;              /* 定义 stu 为上述结构体类型的变量*/
```

3. typedef 用于定义共用体类型名

```
typedef union
{    int i;
     char ch;
} UTYPE;                  /* 说明 UTYPE 为一个共用体类型名*/
UTYPE x, y;               /* 定义 x 与 y 为上述共用体类型的变量*/
```

4. typedef 用于定义枚举类型名

```
typedef enum{male, female} ST;    /* 说明 ST 为一个枚举类型名*/
ST sex;                   /* 定义 sex 为上述枚举类型的变量*/
```

5. 说明

综上所述,可用如下 4 个步骤说明一个新类型名,步骤(4)定义变量:

(1)先定义一个变量(如:int a[10];)。

(2)将变量名换成新类型名(如:int ARRAY[10];)。

(3)在最左边加上 typedef (如:typedef int ARRAY[10];),新类型名定义完成。

(4)利用新类型名定义变量(如:ARRAY a,b;)。

用 typedef 说明的是类型名,typedef 不能用于定义变量。

typedef 与 #define 有相似之处,但两者是不同的:前者是由编译器在编译时处理的;后者是由编译预处理器在编译预处理时处理的,而且只能作简单的字符串替换。

当不同源文件中用到同一类型数据(尤其是像数组、指针、结构体、共用体等类型数据)时,常用 typedef 声明一些数据类型,把它们单独放在一个文件中,然后在需要用到它们的文件中用 #include 命令把它们包含进来。

使用 typedef 有利于程序的通用与移植。有时程序会依赖于硬件特性,用 typedef 便于移植。例如,有的计算机系统 int 型数据用两个字节,数值范围为 −32768~32767,而另外一些机器则以 4 个字节存放一个整数,数值范围为 ±21 亿。如果把一个 C 语言程序从一个以 4 个字节存放整数的计算机系统移植到以 2 个字节存放整数的系统,按一般办法需要将定义变量中的每个 int 改为 long。例如,将"int a,b,c;"改为"long a,b,c;",如果程序中有多处用 int 定义变量,则要改动多处。现可以用一个 INTEGER 来声明 int:typedef int INTEGER;在程序中所有整型变量都用 INTEGER 定义。在移植时只需改动 typedef 定义即可:typedef long INTEGER;。

9.11 常见错误及改正方法

本章常见错误及改正方法：

```
struct date
{
    int month;
    int day;
    int year;
}person1,person2;
struct student
{
    char num[10];
    char name[15];
    int cgrade;
    float ave;
}stu1,stu2;
```

结构体和共用体的常见错误及改正方法如表 9-1 所示。

表 9-1 结构体和共用体的常见错误及改正方法

常见错误实例	常见错误描述	错误类型	错误校正

`struct student`
`{`
`    char num[10];`
`    char name[15];`
`    int cgrade;`
`    float ave;`
`}`
	定义结构体类型不加分号	编译错误	`struct student`
			`{`
			`    char num[10];`
			`    char name[15];`
			`    int cgrade;`
			`    float ave;`
			`};`

`struct student`
`{`
`    char num[10];`
`    char name[15];`
`    int cgrade;`
`    float ave;`
`}stu1;stu2;`
	定义多个结构体变量没有使用逗号分隔	编译错误	`struct student`
			`{`
			`    char num[10];`
			`    char name[15];`
			`    int cgrade;`
			`    float ave;`
			`}stu1,stu2;`

`struct stu1,stu2;`	定义结构体变量时缺少类型名	编译错误	`struct student stu1,stu2;`
`student stu1,stu2;`	定义结构体变量时缺少 struct 关键字	编译错误	`struct student stu1,stu2;`

`person1={3,20,1973};`	将一组常量直接赋值给一个结构体变量	编译错误	`person1.year=1973;`
			`person1.month=3;`
			`person1.day=20;`

续表

常见错误实例	常见错误描述	错误类型	错误校正
scanf("%d\n",&person1); printf("%d,%d,%d\n", person1);	将结构体变量作为一个整体进行输入和输出	编译错误	scanf("%d,%d,%d",&person1. year,&person1.month, & person1.day); printf("%d,%d,%d\n", person1.year,person1. month,person1.day);

struct student *p;
p=&stu1;
*p. cgrade=88;
	通过结构体变量指针引用成员方法不正确	编译错误	struct student *p;
			p=&stu1;
			(*p). cgrade=88;

union
{
　　int i;
　　char ch;
　　float f;
}a,b,c
a=3;
	不能直接对共用体变量赋值	编译错误	union
			{
			　　int i;
			　　char ch;
			　　float f;
			}a,b,c
			a.i=3;

enum colorname{red, yellow,blue,white, black}; enum colorname color; color=grey;	不能给枚举变量赋定义的枚举常量之外的值	编译错误	enum colorname{red, yellow,blue,white, black}; enum colorname color; color=red;

习　题　9

一、选择题

1. 在 C 语言程序中,使用结构体的目的是(　　　)。

　　A 将一组相关的数据作为一个整体,以便程序使用

　　B 将一组相同数据类型的数据作为一个整体,以便程序使用

　　C 将一组数据作为一个整体,以便其中的成员共享存储空间

　　D 将一组数值一一列举出来,该类型变量的值只限于列举的数值范围内

2. 以下对 C 语言共用体类型数据的描述中,不正确的是(　　　)。

　　A 共用体变量占的内存大小等于最大的成员的容量

　　B 共用体类型可以出现在结构体类型定义中

　　C 共用体变量不能在定义时初始化

　　D 同一共用体中各成员的首地址相同

3. 已知有结构类型定义:

```
typedef struct ex {long int num;
                   char sex;
                   struct ex *next;
                 } student;
```

下列叙述错误的是（　　）。

A struct ex 是结构类型　　　　　　　B student 是结构类型的变量名

C ex 可缺省　　　　　　　　　　　　D student 不可缺省

4. 若有如下定义，则正确的赋值语句为（　　）。

```
struct date2
{    long i;
     char c;
} two;
struct date1
{    int cat;
     struct date2 three;
} one;
```

A one.three.c='A';　　　　　　　　B one.two.three.c='A';

C three.c='A';　　　　　　　　　　D one.c='A';

5. 已知有如下的结构类型定义和变量声明：

```
struct student
{    int num;
     char name[10];
} stu={1,"marry"},*p=&stu;
```

则下列语句中错误的是（　　）。

A printf("%d",stu.num);　　　　　　B printf("%d",(&stu)->num);

C printf("%d",&stu->num);　　　　　D printf("%d",p->num);

6. 已知结构类型定义和变量声明如下：

```
struct sk
{int a;float b;} data[2], *p;
```

若有 p=data，则以下对 data[0]中成员 a 的引用中错误的是（　　）。

A data[0]-> a　　　　　　　　　　B data-> a

C p-> a　　　　　　　　　　　　　D (*p).a

7. 已有结构类型定义和变量声明如下：

```
struct person
{    int num;
     char name[20],sex;
     struct{int class;char prof[20];} in;
} a={20,"li ning",'M'{5,"computer"}}, *p=&a;
```

下列语句中正确的是（　　）。

A printf("%s",a->name);　　　　　　B printf("%s",p->in.prof);

C printf("%s",*p.name);　　　　　　D printf("%c",p-> in->prof);

8. 以下程序输出结果为（　　）。

```
#include <stdio.h>
struct s
{    int a;
     struct s *next;
};
main()
{    int i;
     static struct s x[2]={5,&x[1],7,&x[0]},*ptr;
     ptr=&x[0];
     for(i=0;i<3;i++)
     {    printf("%d",ptr-> a); ptr=ptr->next;}
}
```

  A 575   B 757   C 555   D 777

9. 下列程序段的输出结果为（ ）。

```
struct date
{    int a;
     char s[5];
} arg={27, "abcd"};
arg.a -=5;
strcpy(arg.s, "ABCD");
printf("%d,%s\n", arg.a, arg.s);
```

  A 22，ABCD   B 27，abcd   C 22，abcd   D 27，ABCD

10. 以下程序段运行结果是（ ）。

```
struct st_type
{    char name[10];
     float score[3];
};
union u_type
{    int i;
     unsigned char ch;
     struct st_type student;
} t;
printf("%d\n", sizeof(t));
```

  A 24   B 12   C 3   D 22

11. 以下程序段的运行结果是（ ）。

```
enum weekday {aa, bb=2, cc, dd, ee} week=ee;
printf("%d\n", week);
```

  A 4   B 5   C ee   D 0

12. 下列关于 typedef 语句的描述,错误的是（ ）。

  A 用 typedef 只是对原有的类型起个新名,并没有生成新的数据类型

  B typedef 可以用于变量的定义

  C typedef 定义类型名可嵌套定义

  D 利用 typedef 定义类型名可以增加程序的可读性

13. 若 typedef char STRING[255]; STRING s;则 s 是（   ）。

    A 字符指针数组变量   B 字符数组变量

    C 字符变量   D 字符指针变量

14. 在位运算中,操作数每右移一位,其结果相当于（   ）。

    A 操作数乘以 2   B 操作数除以 2   C 操作数除以 4   D 操作数乘以 4

15. 表达式 0x13|0x17 的值是（   ）。

    A 0x13   B 0x17   C 0xE8   D 0xc8

16. 设有语句:char x=3, y=6, z;

                z=x ^ y< <2;

    则 z 的二进制值是（   ）。

    A 00010100   B 00011011   C 00011100   D 00011000

17. 设有以下说明:

```
struct packed
{    unsigned one:1;
     unsigned two:2;
     unsigned three:3;
     unsigned four:4;
} data;
```

    则以下位段数据的引用中不能得到正确数值的是（   ）。

    A data. one＝4   B data. two＝3

    C data. three＝2   D data. four＝1

18. 下述程序的执行结果是（   ）。

```
#include <stdio.h>
union un
{    int i;
     char c[4];
};
void main()
{    union un x;
     x.c[0]=10;
     x.c[1]=1;
     x.c[2]=0;
     x.c[3]=0;
     printf("\n%d",x.i);
}
```

    A 266   B 11   C 265   D 138

二、编程题

1. 利用结构体类型变量编写一个程序,实现输入一学生的学号、英语期中和期末考试成绩, 然后输出其平均成绩,期中和期末考试成绩分别占总分的 20% 和 80%。

2. 利用结构体类型数组输入 5 位用户的姓名和电话号码,按姓名的字典顺序排列后,输出 用户的姓名和电话号码。

已知结构体类型如下：

```
struct user
{    char name[20];
     char num[10];
};
```

3. 利用指向结构体变量的指针编写程序,求某位参赛选手的得分,得分的计算方法是:去掉一个最高分和一个最低分然后求平均值。已知评委有 6 人,结构体类型声明如下：

```
struct result
{    char name[20];
     float score[6];
     float aver;
};
```

4. 编写 m 只猴子选大王的程序:所有的猴子按 1,2,3,…,m 编号,围坐一圈,按 1,2,3,…,n 报数,报到 n 的猴子出列,直到圈子内只剩下一只猴子时,这只猴子就是大王。要求:m,n 由键盘输入,输出猴王的编号。

5. 用链表头法(即最先输入的数据存放在尾节点中)创建一个链表。

6. 建立一个链表,每个节点包括学号、姓名、性别、年龄,输入一个年龄,如果链表中的节点所包含的年龄等于此年龄,则将此节点删除。

第 10 章　文件的输入和输出

内容提要

（1）知识点：文件指针，文件的打开和关闭，文件的读写和定位，文件的出错检测。

（2）难点：文件指针的概念，文件的操作方法。

10.1　文件的概述

文件是程序设计中一个重要的概念，是指存储在外部介质（如磁盘磁带）上的数据集合。操作系统就是以文件为单位对数据进行管理的。通过文件可以大批量地操作数据，也可以将数据长期存储。比如上一章我们介绍了利用动态数据结构来建立一个学生成绩管理系统，对于输入的学生信息我们怎样把它们以文件的形式存储下来呢？本章将介绍文件的概念以及利用 C 语言对文件进行操作的方法。

10.1.1　文件的基本概念

所谓"文件"是指一组相关数据的有序集合。这个数据集有一个名称，叫做文件名。实际上在前面的各章中我们已经多次使用了文件，例如源程序文件、目标文件、可执行文件、库文件（头文件）等。

文件通常是驻留在外部介质（如磁盘等）上的，在使用时才调入内存中。从不同的角度可对文件做不同的分类。从用户的角度看，文件可分为普通文件和设备文件两类。

普通文件是指驻留在磁盘或其他外部介质上的一个有序数据集，可以是源文件、目标文件、可执行程序；也可以是一组待输入处理的原始数据，或者是一组输出的结果。对于源文件、目标文件、可执行程序可以称作程序文件，对输入输出数据可称作数据文件。

设备文件是指与主机相关联的各种外部设备，如显示器、打印机、键盘等。在操作系统中，把外部设备也看作是一个文件来进行管理，把它们的输入、输出等同于对磁盘文件的读和写。

通常把显示器定义为标准输出文件，一般情况下在屏幕上显示有关信息就是向标准输出文件输出。如前面经常使用的 printf，putchar 函数就是实现这类输出操作。

键盘通常被指定为标准的输入文件，从键盘上输入就意味着从标准输入文件上输入数据。scanf，getchar 函数就属于这类输入操作函数。

在程序运行时，常常需要将一些数据（运行的最终结果或中间数据）输出到磁盘上存放起来，或者需要将一些数据从磁盘里输入到计算机内存中进行处理，这些都要用到磁盘文件。

文件是一个有序的数据序列，文件的所有数据之间有着严格的排列次序的关系（类似数组类型的数据），要访问文件中的数据，必须按照它们的排列顺序，依次进行访问。C 语言是把每一个文件都看作是一个有序的字节流。

10.1.2　文件系统

在 C 语言中,根据操作系统对文件的处理方式的不同,把文件系统分为缓冲文件系统和非缓冲文件系统。ANSI C 标准采用缓冲文件系统。

缓冲文件系统(又称标准 I/O)是指操作系统在内存中为每一个正在使用的文件开辟一个读写缓冲区。从内存向磁盘输出数据时,必须先送到内存缓冲区,装满缓冲区后才一起送到磁盘去。如果从磁盘向内存读入数据,则一次从磁盘文件将一批数据输入到内存缓冲区,然后再从内存缓冲区逐个地将数据送到程序数据区(变量),如图 10-1 所示。

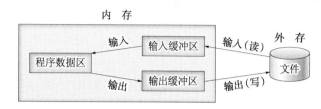

图 10-1　缓冲文件系统

缓冲文件系统解决了高速 CPU 与低速外存之间的矛盾,使用它延长了外存的使用寿命,也提高了系统的整体效率。

非缓冲文件系统(又称系统 I/O)是指系统不自动开辟确定大小的内存缓冲区,而由程序自己为每个文件设定缓冲区。

标准 I/O 与系统 I/O 分别采用不同的输入输出函数对文件进行操作。由于 ANSI C 只采用缓冲文件系统,因此本章所讲的函数也只是处理标准 I/O 的函数。

10.1.3　文件的编码方式

从文件编码的方式来看,文件可分为 ASCII 码文件和二进制码文件两种。ASCII 文件也称为文本文件,这种文件在磁盘中存放时每个字符对应一个字节,用于存放对应的 ASCII 码。例如,数 6785 的存储形式为:

ASCII 码:　　　 00110110　　00110111　　00111000　　00110101

　　　　　　　　　　↓　　　　　↓　　　　　↓　　　　　↓

十进制码:　　　　 '6'　　　　 '7'　　　　 '8'　　　　 '5'　　　　共占用 4 个字节。

ASCII 码文件可在屏幕上按字符显示,例如源程序文件就是 ASCII 文件,用 DOS 命令 TYPE 可显示文件的内容。由于是按字符显示,我们就能读懂文件内容。但这种形式占用空间较大,读写操作要进行转换。

二进制文件是按二进制的编码方式来存放文件的。例如,数 6785 的存储形式为:00011010 10000001,只占两个字节。二进制文件虽然也可在屏幕上显示,但只是乱码,无法读懂,按二进制形式占用的空间小,读写操作效率高。C 语言系统在处理这些文件时,并不区分类型,都看成是字节流,按字节进行处理。输入输出的数据流的开始和结束只由程序控制而不受物理符号(如回车符)的控制。也就是说在输出时不会自动增加回车换行符作为记录结束的标志,输入时不以回车换行符作为记录的间隔(事实上 C 语言文件并不由记录构成),因此也把这种文件称作“流式文件”,本章讨论的是流式文件的操作。

10.1.4　文件指针

要调用磁盘上的一个文件,必须知道与该文件有关的信息。比如文件名、文件的当前读写位置、文件缓冲区大小与位置、文件的操作方式等。这些信息被 C 语言系统保存在一个称作 FILE 的结构体中,它是在 stdio.h 头文件中定义的。

FILE 结构体的内容为(在使用文件操作时,一般不用关心 FILE 内部成员信息):

```
typedef struct
{    int level;                        /* 缓冲区"满"或"空"的程度*/
     unsigned flags;                   /* 文件状态标志*/
     char fd;                          /* 文件描述符*/
     unsigned char hold;               /* 如无缓冲区不读取字符*/
     int bsize;                        /* 缓冲区大小*/
     unsigned char *buffer;            /* 数据缓冲区位置*/
     unsigned char *curp;              /* 文件定位指针*/
     unsigned istemp;                  /* 临时文件指示器*/
     short token;                      /* 用于有效性检查*/
} FILE;
```

有了结构体 FILE 类型后,可以用它来定义若干个 FILE 类型的变量,以便存放若干个文件的信息。如:FILE f[4];定义了一个结构体数组 f,它有 4 个元素,可以用来存放 4 个文件的信息。

对于每一个要操作的文件,都必须定义一个指针变量,并使它指向该文件结构体变量,这个指针称为文件指针。通过文件指针找到被操作文件的描述信息,就可对它所指向的文件进行各种操作。定义文件指针的一般形式为:

FILE *指针变量标识符;

如:FILE *fp;表示 fp 是一个指向 FILE 类型结构体的指针变量,可以使 fp 指向某一个文件的结构体变量,从而通过该结构体变量中的文件信息访问该文件。

如果有 n 个文件,一般应定义 n 个 FILE 类型的指针变量,使它们分别指向 n 个文件所对应的结构体变量。如:

```
FILE *fp1, *fp2, *fp3, *fp4;
```

可以处理 4 个文件。

注意:FILE 是用 typedef 声明的文件信息结构体的别名,由 C 系统定义,用户只能使用,不能修改,并且 FILE 必须大写。

10.2　文件的打开与关闭

使用文件的一般步骤:打开文件→操作文件→关闭文件。

所谓打开文件就是建立用户程序与文件的联系,为文件开辟文件缓冲区,使文件指针指向该文件,以便进行其他各种操作。关闭文件就是切断文件与程序的联系,将文件缓冲区的内容写入磁盘,并释放文件缓冲区,禁止再对该文件进行操作。

C 语言通过标准 I/O 库(stdio.h)函数实现文件操作。

10.2.1　文件的打开(fopen 函数)

ANSI C 规定了标准输入输出函数库,用 fopen()函数来实现打开文件。fopen 函数的调用形式是:

FILE * fp;

fp=fopen(文件名,文件使用方式);

文件名:需要打开的文件名称(字符串)。

文件使用方式:是具有特定含义的符号。

函数功能:按指定的文件使用方式打开指定的文件。若文件打开成功,则返回值为非NULL 指针;若文件打开失败,返回 NULL。例如:

```
FILE * fp;
fp=fopen("filea","r");
```

其意义是在当前目录下打开文件 filea,"r"表示只允许进行"读"操作,并使文件指针 fp 指向该文件。

```
FILE * fp;
fp=fopen("d:\\fileb","rb");
```

其意义是打开 D 盘的根目录下的文件 fileb,这是一个二进制文件,"rb"表示只允许按二进制方式进行读操作。两个反斜线"\\"中的第 1 个表示转义引导字符,第 2 个表示根目录。

10.2.2　文件的使用方式

1. 文本文件的 3 种基本打开方式

(1)"r":只读方式。为读(输入)文本文件打开文件。若文件不存在,则返回 NULL。

(2)"w":只写方式。为写(输出)文本文件打开文件。若文件不存在,则建立一个新文件;若文件已存在,则要将原来的文件清空。

(3)"a":追加方式。在文本文件的末尾增加数据。若文件已存在,则保持原来文件的内容,将新的数据增加到原来数据的后面;若文件不存在,则返回 NULL。

2. 二进制文件的 3 种基本打开方式

(1)"rb":以只读方式打开一个二进制文件。

(2)"wb":以只写方式打开一个二进制文件。

(3)"ab":以追加方式打开一个二进制文件。

3. 文件的其他打开方式

(1)"r+":可以对文本文件进行读/写操作。这种方式下该文件应该已经存在,以便能向计算机输入数据。若文件不存在,返回 NULL;若文件存在,内容不会被清空。

(2)"w+":可以对文本文件进行读/写操作。新建立一个文件,先向此文件写数据,然后可以读此文件中的数据。若文件已经存在,则要先将文件原来的内容清空。

(3)"a+":可以对文本文件进行读/追加操作。文件内容不会清空,在文件末尾增加数据。

(4)"rb+":可以对二进制文件进行读操作。

(5)"wb+":可以对二进制文件进行写操作。

(6)"ab+":可以对二进制文件进行读/追加操作。

文件打开方式总结如表 10-1 所示。

表 10-1 文件打开方式及其意义

ASCII 文件操作 (3 种基本打开方式)	只读	r	打开一个已经存在的文本文件
	只写	w	建立并打开一个文本文件
	追加	a	打开或建立一个文本文件,在末尾写入
二进制文件操作 (3 种基本打开方式)	只读	rb	打开一个已经存在的二进制文件
	只写	wb	建立并打开一个二进制文件
	追加	ab	打开或建立一个二进制文件,在末尾写入
ASCII 文件操作 (其他打开方式)	读写	r+	打开一个已经存在的文本文件
	读写	w+	建立并打开一个文本文件
	读写	a+	打开或建立一个文本文件,在末尾写入
二进制文件操作 (其他打开方式)	读写	rb+	打开一个已经存在的二进制文件
	读写	wb+	建立并打开一个二进制文件
	读写	ab+	打开或建立一个二进制文件,在末尾写入

常用下面的方法打开一个文件:

```
if((fp=fopen("file1.data","r"))==NULL)
{    printf("cannot open this file.\n");
     exit(0);
}
```

如果调用 fopen()成功,返回一文件类型指针,否则返回一空指针。

其中 exit()是一个进程控制库函数,它在 stdlib.h 中声明,其作用是关闭所有文件,终止程序运行。

用以上方式可以打开文本文件或二进制文件,这是 ANSI C 的规定,用同一种缓冲文件系统来处理文本文件和二进制文件,并且判断文件是否正常打开。若没有正常打开,终止程序。

在向计算机输入文本文件时,将回车换行符转换为一个换行符,在输出时把换行符转换成为回车和换行两个字符。在用二进制文件时,不进行这种转换,在内存中的数据形式与输出到外部文件中的数据形式完全一致,一一对应。

在程序开始运行时,系统自动打开 3 个标准文件:标准输入、标准输出、标准出错输出。通常这 3 个文件都与终端相联系。系统自动定义了 3 个文件指针 stdin, stdout 和 stderr,分别指向终端输入、终端输出和标准出错输出。如果程序中指定要从 stdin 所指的文件输入数据,就是指从终端键盘输入数据。

10.2.3 文件的关闭(fclose 函数)

文件使用完后,一定要关闭文件,否则可能丢失数据。在关闭之前,首先将缓冲区的数据输出到磁盘文件中,然后再释放文件指针变量。用 fclose 函数关闭文件。

格式:fclose(文件指针);

若文件关闭成功,则返回值为 0;若文件关闭失败,返回非 0 值。

【例 10.1】以只写的方式打开一个当前目录下的 test1.txt,若成功,输出"file open OK!"并关闭文件,否则输出"file open error!",终止程序。

```
#include <stdio.h>
```

```
# include <stdlib.h>
int main()
{    FILE *fp;
    fp=fopen("test1.txt","w");
    if(fp==NULL)
    {    printf("file open error! \n");
        exit(0);                              /* 终止程序 */
    }
    else
    {    printf("file open OK! \n");
        fclose(fp);
    }
    return 0;
}
```

10.3 文件的顺序读取

文件打开后,可以进行文件读写的操作,对文件的操作必须按照数据流的先后顺序进行。每读写一次后,文件位置指针自动指向下一个读写位置。C语言的读写函数可以对字符、字符串和其他类型数据进行读写的操作。

10.3.1 字符的读写函数(fgetc 和 fputc)

1. 读字符函数 fgetc

格式:ch=fgetc(fp);

功能:从一打开的文件 fp 中读一个字符,返回该字符,赋给 ch。fp 为已经打开的文件的指针,文件中有一个指向当前位置的指针自动后移一个字符。反复调用可一直读到文件结束。对于 ASCII 文件,文件结束时,返回文件结束标记 EOF(−1)。对于二进制文件,要使用 C 语言提供的一个检测文件结束的函数 feof 来判断文件是否结束。其原型为 int feof (FILE *fp),如果文件结束,feof(fp)的值为1(真),否则为0(假)。

2. 写字符函数 fputc

格式:fputc(ch, fp);

功能:将字符 ch 写到 fp 指向的文件中去,成功,则返回该字符,否则返回 EOF。

【例 10.2】显示例 10.1 中 test1. txt 文件的内容。

```
# include <stdlib.h>
# include <stdio.h>
int main()
{    FILE *fp;
    char filename[20], ch;
    printf("Enter filename:");
    scanf("%s",filename);                 /* 输入文件名 */
    if((fp=fopen(filename,"r"))==NULL)    /* 打开文件 */
    {    printf("file open error.\n");     /* 出错处理 */
```

```
        exit(0);}
        while((ch=fgetc(fp))!=EOF)                /* 从文件中读字符 */
            putchar(ch);                          /* 输出字符到屏幕显示 */
        fclose(fp);                               /* 关闭文件 */
        system("pause");
        return 0;
    }
```

假设文件 test1.txt 中内容为"hello",执行时,屏幕等待输入文件名,输入 test1.txt,如果文件正常打开,while 语句将依次从 test1.txt 中读入字符到内存,并调用 putchar 函数在屏幕上输出"hello"。如图 10-2 所示。

```
Enter filename:test1.txt
hello请按任意键继续...
```

图 10-2   例 10.2 运行过程

【例 10.3】以追加方式打开例 10.1 中 test1.txt 文件,并添加新的内容。

```
#include <stdlib.h>
#include <stdio.h>
int main()
{   FILE * fp;
    char filename[20], ch;
    printf("Enter filename:");
    scanf("%s",filename);                         /* 输入文件名 */
    if((fp=fopen(filename,"a"))==NULL)            /* 以追加方式打开文件 */
    {   printf("file open error.\n");             /* 出错处理 */
        exit(0);
    }
    getchar();                                    /* 接收回车符 */
    while((ch=getchar())!='\n')                   /* 从键盘读字符 */
        fputc(ch,fp);                             /* 将键盘读入的字符写到文件中 */
    fclose(fp);
    if((fp=fopen(filename,"r"))==NULL)            /* 打开文件 */
    {   printf("file open error.\n");             /* 出错处理 */
        exit(0);
    }
    while((ch=fgetc(fp))!=EOF)                    /* 从文件中读字符 */
        putchar(ch);
    fclose(fp);                                   /* 关闭文件 */
    system("pause");
    return 0;
}
```

假设文件 test1.txt 中内容为"hello",执行时,屏幕等待输入文件名,输入 test1.txt,如果文件正常打开,通过键盘输入"everyone",屏幕上将输出"hello everyone"。如图 10-3 所示。

```
Enter filename:test1.txt
 everyone
hello  everyone请按任意键继续. . .
```

图 10-3　例 10.3 运行过程

对于二进制文件,如果想顺序读入一个二进制文件中的数据,可以用下面的形式:

```
while(! feof(fp))
{    c=fgetc(fp);
        …

}
```

当未遇文件结束,feof(fp)的值为 0,! feof(fp)为 1,读入一个字节的数据赋给整型变量 c,并接着对其进行所需的处理。直到遇文件结束,feof(fp)值为 1,! feof(fp)值为 0,不再执行 while 循环。这种方法也适用于文本文件。

10.3.2　字符串的读写函数(fgets 和 fputs)

1. 读字符串函数 fgets

格式:**fgets(buf, max, fp);**

其中 buf 可以是字符串常量、字符数组名或字符指针。

功能:从 fp 指定的文件读取长度不超过 max-1 的字符串存入起始地址为 buf 的内存空间,自动加结束标志 '\0',共占 max 个字符,返回值为地址 buf。

情况 1:已读入 max-1 个字符,则 buf 中存入 max-1 个字符,串尾为 '\0'。

情况 2:读入字符遇到\n,则 buf 中存入实际读入的字符,串尾为 '\n' '\0'。

情况 3:读入字符遇到文件尾,则 buf 中存入实际读入的字符,EOF 不会存入数组,串尾为 '\0'。

情况 4:当文件已经结束时,继续读文件,则函数的返回值为 NULL,表示文件结束。

2. 写字符串函数 fputs()

格式:**fputs(buf, fp);**

其中 buf 可以是字符串常量、字符数组名或字符指针。

功能:将 buf 指向的字符串写到 fp 指定的文件,但不输出字符串结束符。写成功,则返回所写的最后一个字符,否则返回 EOF 值。

【例 10.4】将例 10.1 的 test1. txt 中的文本复制到另一个文件 test. txt 中。

```
#include <stdio.h>
#include <stdlib.h>
int main()
{    FILE *fp1, *fp2;
     char file1[20], file2[20], s[10];
     printf("Enter filename1: ");
     scanf("%s", file1);
     printf("Enter filename2: ");
     scanf("%s", file2);
```

```
        if((fp1=fopen(file1, "r"))==NULL)        /* 只读方式打开文件 1 */
        {    printf("file1 open error.\n");
             exit(0);}
        if((fp2=fopen(file2, "w"))== NULL)       /* 只写方式打开文件 2 */
        {    printf("file2 open error.\n");
             exit(0);}
        while(fgets(s,10,fp1) !=NULL )           /* 从 fp1 中读出字符串 */
             fputs(s, fp2);                      /* 将字符串写入文件 fp2 中 */
        fclose(fp1);
        fclose(fp2);
        system("pause");
        return 0;
}
```

在程序执行中,输入 test1. txt↵test. txt↵将进行文本复制。

10.3.3　格式化的读写函数(fscanf 和 fprintf)

1. 输入函数 fscanf

格式:**fscanf(fp,格式控制符,输入表列);**

功能:从 fp 所指向的 ASCII 文件中读取字符,按格式控制符的含义存入对应的输入表列变量中,返回值为输入的数据个数。

fscanf 与 scanf 类似,格式控制符相同。

2. 输出函数 fprintf

格式:**fprintf(fp,格式控制符,输出表列);**

功能:将输出表列中的数据,按照格式控制符的说明,存入 fp 所指向的 ASCII 文件中,返回值为实际存入的数据个数。

fprintf 与 printf 类似,格式控制符相同。

10.3.4　数据块的读写函数(fread 和 fwrite)

1. 数据块读函数 fread

格式:**fread(buffer, size, count, fp);**

功能:从二进制文件 fp 中读取 count 个数据块存入内存 buffer 中,每个数据块的大小为 size 个字节。操作成功,函数的返回值为实际读入的数据块的数量;若文件结束或出错,返回值为 0。

2. 数据块写函数 fwrite

格式:**fwrite(buffer, size, count, fp);**

功能:将内存 buffer 中的 count 个数据块写入二进制文件 fp 中,每个数据块的大小为 size 个字节。操作成功,函数的返回值为实际写入文件的数据块的数量;若文件结束或出错,返回值为 0。

【例 10.5】从键盘输入 2 个学生的数据,将它们存入文件 student;然后再从文件中读出数据,显示在屏幕上。

```
#include <stdlib.h>
#include <stdio.h>
```

```
#define SIZE 2
struct student                          /* 定义结构体 */
{   long num;
    char name[10];
    int age;
    char address[10];
} stu[SIZE], out;
void fsave()
{   FILE *fp;
    int i;
    if((fp=fopen("student", "wb"))== NULL)   /* 二进制写方式 */
    {   printf("Cannot open file.\n");
        exit(1);   }
    for(i=0; i<SIZE; i++)                      /* 将结构体以数据块形式写入文件 */
        if(fwrite(&stu[i], sizeof(struct student), 1, fp) !=1)
            printf("File write error.\n");     /* 写过程中的出错处理 */
    fclose(fp);                                /* 关闭文件 */
}
int main()
{   FILE *fp;
    int i;
    for(i=0; i<SIZE; i++)                      /* 从键盘读入学生的信息(结构) */
    {   printf("Input student %d:", i+1);
        scanf("%ld%s%d%s",&stu[i].num,stu[i].name,&stu[i].age,stu[i].address);
    }
    fsave();                                   /* 调用函数保存学生信息 */
    fp=fopen("student", "rb");                 /* 以二进制读方式打开数据文件 */
    printf("   No.    Name        Age  Address\n");
    while(fread(&out, sizeof(out),1,fp))       /* 以读数据块方式读入信息 */
    printf("%8ld %-10s %4d %-10s\n",out.num,out.name,out.age,out.address);
    fclose(fp);                                /* 关闭文件 */
    system("pause";)
    return 0;
}
```

执行过程如图 10-4 所示。

```
Input student 1:201801  zhangjia      18      hunan
Input student 2:201802  lihua         18      hubei
     No.   Name        Age Address
   201801 zhangjia      18 hunan
   201802 lihua         18 hubei
请按任意键继续. . .
```

图 10-4 例 10.5 运行过程

10.4 文件的定位与随机读写

前面介绍的对文件的读写方式都是顺序读写,即读写文件只能从头开始,顺序读写各个数据。但在实际问题中常要求只读写文件中某一指定的部分。为了解决这个问题可移动文件内部的位置指针到需要读写的位置,再进行读写,这种读写称为随机读写。随机文件的读写适合于具有固定长度记录的文件。

实现随机读写的关键是要按要求移动位置指针,这称为文件的定位。C 语言库中提供了文件定位函数,可对文件的指针进行人工操纵。

10.4.1　文件定位函数

1. rewind 函数

格式:**rewind(fp);**

功能:将 fp 所指向的文件的内部位置指针置于文件开头,并清除文件结束标志和错误标志。该函数没有返回值。

例如:rewind(fp);表示强制将文件指针指向文件头。

2. fseek 函数

格式:**fseek(fp, offset, base);**

其中:base 为文件位置指针的"起始点",分别用 0,1,2 代表,其含义与名字如下:

文件开始	SEEK_SET	0
文件当前位置	SEEK_CUR	1
文件末尾	SEEK_END	2

offset 为位移量,是指以"起始点"为基点移动的字节数。当位移量为负数时,表示向文件头方向移动(也称后移)。当位移量为正数时,表示向文件尾方向移动(也称前移)。

功能:改变文件位置指针的位置。成功时返回 0;失败时返回−1(EOF)。

例如:fseek(fp,20L,0);表示将文件指针从文件头向前移动 20 个字节。

　　　fseek(fp,-100L,1);表示将文件指针从当前位置向后移动 100 个字节。

　　　fseek(fp,-30L,SEEK_END);表示将文件指针从文件尾向后移动 30 个字节。

说明:fseek()函数一般用于二进制文件。因为文本文件要进行字符转换,故往往计算的位置会出现混乱或错误。

3. ftell 函数

格式:**ftell(fp);**

功能:得到 fp 所指向的文件中的当前位置。该位置用相对于文件头的位移量来表示。成功时返回当前读写的位置;失败时返回−1L(EOF)。

如:long i; FILE * fp; i=ftell(fp);

4. 随机文件的读写函数说明

(1)对文件进行定位之后,即在改变文件位置指针之后,即可用前面介绍的任一种读写函数对文件进行随机读写。

(2)由于一般是读写一个数据块,因此常用 fread()和 fwrite()函数来进行随机文件的读写操作。

(3)由于定位是否准确的原因,随机文件的操作一般又是对二进制文件进行操作。

(4)有的教材对随机文件的操作只介绍了定位函数和数据块读写函数,而对前面介绍的除数据块读写函数外的其他函数都认为是顺序文件函数。

10.4.2　文件的随机读写操作

在移动位置指针之后,即可用前面介绍的读写函数进行读写。由于一般是读写一个数据块,因此常用 fread 和 fwrite 函数。

【例 10.6】对例 10.2 的文件 test1.txt 进行定位操作,再以块数据方式进行读操作并显示结果。

```
# include <stdlib.h>
# include <stdio.h>
int main()
{    FILE * fp;
    char filename[20], ch, da[6]="123";
    printf("Enter filename:");
    scanf("%s", filename);                    /* 输入文件名 */
    if((fp=fopen(filename, "r"))==NULL)       /* 打开文件 */
    {    printf("file open error.\n");        /* 出错处理 */
        exit(0);}
    fseek(fp, 2 * sizeof(char), 0);           /* 将位置指针从文件开头偏移 2 个字符*/
    fread(da, sizeof(char), 3, fp);           /* 以块的形式读 3 个字符到数组 da 中*/
    printf("%s\n", da);
    fclose(fp);                               /* 关闭文件 */
    system("pause";)
    return 0;
}
```

执行程序过程如图 10-5 所示。

```
Enter filename:test1.txt
llo
请按任意键继续. . .
```

图 10-5　例 10.6 运行过程

本程序以读文本文件方式打开文件 test1.txt(假设包含文本"hello"),fseek 函数移动文件位置指针到第 3 个字符处(其 0 表示从文件头开始,移动 2 个 char 类型的长度),然后用 fread 函数随机读出 3 个字符的数据到数组 da 中,并显示 da 数组的内容为"llo"。

10.5　文件的出错检测

在调用各种输入输出函数(如 putc,getc,fread,fwrite 等)时,如果出现错误,例如,fread()函数从文件中读取 n 个数据项,如果文件中没有 n 个的数据项,或者读操作的中间出错,都可能导致返回的数据项少于 n 个的情况。这些出错状况除了函数返回值有所反映外,还可以用 ferror()函数检查。

1. 检测文件出错函数 ferror

格式:**ferror(fp);**

功能:若文件出错,返回值为非 0;若文件未出错,返回值为 0。

说明:对同一个文件每一次调用输入输出函数,均产生一个新的 ferror 函数值,因此,应当在调用一个输入输出函数后立即检查 ferror 函数的值,否则信息会丢失。在执行 fopen

函数时,ferror 函数的初始值自动置为 0。

2. 清除出错标记及文件结束标记函数 clearerr

格式:**clearerr(fp);**

功能:清除文件 fp 的出错标记和文件结束标记。假设在调用一个输入输出函数时出现错误,ferror 函数值为一个非零值。在调用 clearerr(fp)后,ferror(fp)的值变成 0。

每次打开文件成功后,出错标记都被置为 0,一旦出现错误将设置出错标记,并一直保持到调用 clearerr()函数或者 rewind()函数。

3. 文件结束检测函数 feof

格式:**feof(fp);**

功能:检测文件指针变量指向的文件是否结束,如果结束返回一个非零值,否则返回 0。

10.6　常见文件操作错误及改正方法

C 语言对文件的操作一个是基于系统调用,另一个是基于"流"(如二进制流和文本流这两种基本形式),面向流的操作是通过缓存区进行的,在对一个文件进行读写之前,需要调用文件打开函数打开该文件并分配系统资源,文件使用完毕后,需要调用文件关闭函数关闭文件,让系统收回分配的资源并通知操作系统完成对此文件的完整操作,如把保存在文件写缓存区中的内容实际写到磁盘中去,对于流的不同操作对应了不同的操作函数。在使用这些函数时一定要弄清函数的功能、参数要求及含义,有返回值的,还要弄清其返回值的意义。下面列举一些使用文件操作容易出错的情形并给出改正方法。

File　□fp;　FILE 必须大写,它是用 typedef 声明的文件信息结构体的别名,由 C 系统定义,用户不能修改。

FIEL　*fp1;　fp1=fopen("test. c","r");表示是在当前目录下打开文件 test. c,如 test. c 不存在当前目录下,则应写出完整路径,如 FIEL　*fp1;　fp1=fopen("c:\tt\test. c","r");

FILE　*fp; int　*p; fp=fopen("test. txt","w");　fclose(p); fclose 的参数必须是 FILE 类型指针,改为 fclose(fp);

int n; fread(n,4,1,fp); fread 的第一个参数必须是内存地址,改为 fread(&n,4,1,fp)。

fopen()函数打开方式要点:

"r":读方式,当文件不存在时打开失败;

"r+":读写方式,读写位置在文件的开始处,当文件不存在时打开失败;

"w":写方式,当文件存在时其内容会被清空,文件不存在创建该文件;

"w+":读写方式,当文件存在时清空该文件,写数据后可读;

"a":追加方式,将数据写到文件末尾处,当文件不存在时创建该文件;

"a+":读和追加方式,将数据写到文件末尾处,当文件不存在时创建该文件。

习　题　10

一、选择题

1. 系统的标准输入文件是指(　　　)。

　　A 键盘　　　　　　　　B 显示器　　　　　　C 软盘　　　　　　D 硬盘

2. 若执行 fopen 函数时发生错误,则函数的返回值是(   )。

    A 地址值   B 0   C 1   D EOF

3. 若要用 fopen 函数打开一个新的二进制文件,该文件要既能读也能写,则文件方式字符串应是(   )。

    A "ab+"   B "wb+"   C "rb+"   D "ab"

4. fscanf 函数的正确调用形式是(   )。

    A fscanf(fp,格式字符串,输出表列);

    B fscanf(格式字符串,输出表列,fp);

    C fscanf(格式字符串,文件指针,输出表列);

    D fscanf(文件指针,格式字符串,输入表列);

5. fgetc 函数的作用是从指定文件读入一个字符,该文件的打开方式必须是(   )。

    A 只写   B 追加   C 读或读写   D 答案 b 和 c 都正确

6. 函数调用语句:`fseek(fp,-20L,2);`的含义是(   )。

    A 将文件位置指针移到距离文件头 20 个字节处

    B 将文件位置指针从当前位置向后移动 20 个字节

    C 将文件位置指针从文件末尾处后退 20 个字节

    D 将文件位置指针移到离当前位置 20 个字节处

7. 在执行 fopen 函数时,ferror 函数的初值是(   )。

    A TURE   B −1   C 1   D 0

8. 若 fp 是指向某文件的指针,且已读到此文件末尾,则库函数 feof(fp)的返回值是(   )。

    A EOF   B 0   C 非零值   D NULL

9. 有以下程序(提示:程序中 `fseek(fp,-2L*sizeof(int), SEEK_END);`语句的作用是使位置指针从文件末尾向前移 2×sizeof(int)字节):

```
#include <stdio.h>
main()
{    FILE * fp; int i, a[4]={1,2,3,4},b;
     fp=fopen("data.dat", "wb");
     for(i=0;i<4;i++)
         fwrite(&a[i],sizeof(int), 1, fp);
     fclose(fp);
     fp=fopen("data.dat", "rb");
     fseek(fp,-2L*sizeof(int), SEEK_END);
     fread(&b,sizeof(int),1,fp);   /* 从文件中读取 sizeof(int)字节的数据到变量 b 中*/
     fclose(fp);
     printf("%d\n", b);
}
```

    执行后输出结果是(   )。

    A 2   B 1   C 4   D 3

10. 有以下程序:

```
#include <stdio.h>
void writestr(char * fn, char * str)
```

```
{    FILE * fp;
     fp=fopen(fn,"a");
     fputs(str,fp);
     fclose(fp);
}
main()
{    writestr("t1.dat","start");
     writestr("t1.dat","end");
}
```

程序运行后，文件 t1.dat 中的内容是(　　　　)。

A start　　　　　　　　B end　　　　　　　　C startend　　　　　D enart

二、编程题

1. 编写程序实现统计一个字符文件 file1.txt 中的字符个数的功能。

2. 编写程序将文件 a1.txt 的内容复制到文件 a2.txt 中去。

3. 将 5 名职工的数据从键盘输入，然后送到磁盘文件 worker1.rec 中保存，最后从磁盘读出这些数据打印出来，设职工数据包含：职工编号，姓名，性别，年龄。

4. 从键盘输入姓名(如："ZHANG SAN")，在文件"try.dat"中查找此姓名，若文件中已有此姓名，则显示提示信息；若文件中没有此姓名，则将该姓名存入文件。

   要求：

   (1) 若磁盘文件"try.dat"已存在，则要保留文件中原来的信息；若文件"try.dat"不存在，则在磁盘上建立一个新文件。

   (2) 当输入的姓名为空时(长度为 0)，结束程序。

附　　录

附录 A　C 语言中的关键字

auto	break	case	char	const
continue	default	do	double	else
enum	extern	float	for	goto
if	int	long	register	return
short	signed	sizeof	static	struct
switch	typedef	union	unsigned	void
volatile	while			

附录 B　常用 ASCII 码对照表

（ASCII 是指 American Standard Code for Information Interchange，美国信息交换标准码。）

ASCII 值	字符	ASCII 值	字符	ASCII 值	字符
0	空字符	44	,	91	[
32	空格	45	—	92	\
33	!	46	.	93	]
34	"	47	/	94	ˆ
35	♯	48～57	0～9	95	—
36	$	58	:	96	`
37	%	59	;	97～122	a～z
38	&	60	<	123	{
39	'	61	=	124	|
40	(	62	>	125	}
41	)	63	?	126	～
42	*	64	@	127	DEL(Delete 键)
43	+	65～90	A～Z		

（其中，0～31 都是一些不可见的字符，所以这里只列出值为 0 的字符，值为 0 的字符称为空字符，输出该字符时，计算机不会有任何反应。）

附录 C　运算符的优先级和结合性

优先级	运算符	解　释	运算类型	结合方式
1	( ) [ ] -> .	括号(函数等),数组,两种结构成员访问		由左向右
2	! ~ ++ -- + - * & (类型) sizeof	否定,按位否定,增量,减量,正负号 间接,取地址,类型转换,求大小	单目运算	由右向左
3	* / %	乘,除,取模	双目运算	由左向右
4	+ -	加,减	双目运算	由左向右
5	<< >>	左移,右移	位运算	由左向右
6	< <= >= >	小于,小于等于,大于等于,大于	关系运算	由左向右
7	== !=	等于,不等于	关系运算	由左向右
8	&	按位与	位运算	由左向右
9	^	按位异或	位运算	由左向右
10	|	按位或	位运算	由左向右
11	&&	逻辑与	逻辑运算	由左向右
12	||	逻辑或	逻辑运算	由左向右
13	? :	条件	三目运算	由右向左
14	= += -= *= /= &= ^= |= <<= >>=	各种赋值	双目运算	由右向左
15	,	逗号(顺序)	顺序求值	由左向右

附录 D　常用 ANSI C 标准函数库

　　库函数并不是 C 语言的一部分,它是由人们根据需要编制并提供给用户的。不同的 C 编译系统所提供的库函数的数目和函数名及函数功能并不完全相同。限于篇幅,本书只列出 ANSI C 标准提供的一些常用库函数。读者在编制 C 程序时可能用到更多的函数,请查阅所用系统的库函数手册。

1. 数学函数

　　使用数学函数时,应该在该源文件中包含头文件"math.h"。

函数名	函数原型	功　能	返回值	说　明
abs	int abs(int x);	求 x 的绝对值	计算结果	
fabs	double fabs(double x);	求 x 的绝对值	计算结果	
acos	double acos(double x);	求 $\cos^{-1}(x)$ 的值	计算结果	x 在[-1,1]
asin	double asin(double x);	求 $\sin^{-1}(x)$ 的值	计算结果	x 在[-1,1]
atan	double atan(double x);	求 $\tan^{-1}(x)$ 的值	计算结果	x 在[-1,1]

函数名	函数原型	功　能	返回值	说　明
atan2	double atan2(double x,double y);	求 $\tan^{-1}(x/y)$ 的值	计算结果	
cos	double cos(double x);	求 cos(x)的值	计算结果	x 单位为弧度
cosh	double cosh(double x);	求 x 的双曲余弦 cosh(x)的值	计算结果	
sin	double sin(double x);	求 sin(x)的值	计算结果	
sinh	double sinh(double x);	求 x 的双曲正弦 sinh(x)的值	计算结果	
tan	double tan(double x);	求 tan(x)的值	计算结果	
tanh	double tanh(double x);	求 x 的双曲正切 tanh(x)的值	计算结果	
exp	double exp(double x);	求 e^x 的值	计算结果	
floor	double floor(double x);	求<=x 的最大整数	该整数的双精度实数	
ceil	double ceil(double x);	求>=x 的最小整数	该整数的双精度实数	
fmod	double fmod(double x,double y);	求整除 x/y 的余数	余数的双精度实数	
frexp	double frexp (double val, int * eptr);	$val = x * 2^n$,n 存在 eptr 中	返回数字部分 x	x 在[0.5,1]
log	double log(double x);	求 ln x	计算结果	
log10	double log10(double x);	求 $\log_{10} x$ 的值	计算结果	
modf	double modf (double val, double * iptr);	val=整数部分+小数部分,整数存在 iptr 中	返回 val 小数部分	
pow	double pow(double x,double y);	求 x^y 的值	计算结果	
rand	int rand(void);	产生随机数[0,32767]	随机整数	
sqrt	double sqrt(double x);	x 的平方根	计算结果	

2. 字符处理函数

使用字符处理函数时,应该在该源文件中包含头文件"ctype.h"。

函数名	函数原型	功　能	返回值
isalnum	int isalnum(int ch)	检查 ch 是否字母(alpha)或数字(numeric)	字母,返回 1,否则,返回 0
isalpha	int isalpha(int ch)	检查 ch 是否字母	是,返回 1,否则,返回 0
iscntrl	int iscntrl(int ch)	检查 ch 是否控制字符(其 ASCII 码在 0 和 0x1f 之间)	是,返回 1,否则,返回 0
isdigit	int isdigit(int ch)	检查 ch 是否数字(0 ~ 9)	是,返回 1,否则,返回 0

函数名	函数原型	功 能	返回值
isgraph	int isgraph(int ch)	检查 ch 是否可打印字符(其 ASCII 码在 0x21 和 0x7E 之间)不包括空格	是,返回 1,否则,返回 0
islower	int islower(int ch)	检查 ch 是否小写字母(a ～ z)	是,返回 1,否则,返回 0
isprint	int isprint(int ch)	检查 ch 是否可打印字符(其 ASCII 码在 0x20 和 0x7E 之间)包括空格	是,返回 1,否则,返回 0
ispunct	int ispunct(int ch)	检查 ch 是否标点字符(不包括空格),即除字母、数字和空格以外的所有可打印字符	是,返回 1,否则,返回 0
isspace	int isspace(int ch)	检查 ch 是否空格、跳格符、制表符或换行符	是,返回 1,否则,返回 0
isupper	int isupper(int ch)	检查 ch 是否大写字母(A ～ Z)	是,返回 1,否则,返回 0
isxdigit	int isxdigit(int ch)	检查 ch 是否十六进制数字、字符(即 0～9,A～F 或 a～f)	是,返回 1,否则,返回 0
tolower	int tolower(int ch)	将字符 ch 转换为小写字母	返回与 ch 相应的小写字母
toupper	int toupper(int ch)	将字符 ch 转换为大写字母	返回与 ch 相应的大写字母

3. 字符串处理函数

使用字符串处理函数时,应该在该源文件中包含头文件"string.h"。

函数名	函数原型	功 能	返回值
strcat	char * strcat(char * str1, char * str2);	把字符串 str1 接到 str2 后面,str1 最后面的 '\0' 被取消	str1
strchr	char * strchr(char * str, int ch);	找出指向 str 的字符串中第一次出现字符 ch 的位置	返回该位置指针,若找不到,返回空指针
strcmp	int strcmp(char * str1, char * str2)	比较两个字符串 str1,str2	str1<str2,返回负数 str1=str2,返回 0 str1>str2,返回正数
strcpy	char * strcpy(char * str1, char * str2);	把 str2 指向的字符串拷贝到 str1 中去	str1
strlen	unsigned int strlen(char * str);	统计字符串 str 中字符的个数(不包括 '\0')	返回字符个数
strstr	char * strstr(char * str1, char * str2)	找出 str2 在 str1 第一次出现的位置(不包括 str2 串结束符)	返回位置指针,若找不到,返回空指针

4．输入输出函数

使用输入输出时，应该在该源文件中包含头文件"stdio.h"。

函数名	函数原型	功　能	返回值	说　明
clearerr	void clearerr(FILE *fp);	使 fp 所指文件的错误标志和文件结束标志置 0	无	
close	int close(int fp);	关闭文件	关闭成功返回 0；不成功，返回 -1	非 ANSI C 标准函数
creat	int creat(char *filename,int mode);	以 mode 所指定的方式建立文件	成功则返回正数；否则返回 -1	非 ANSI C 标准函数
eof	int eof(int fd);	检查文件是否结束	遇文件结束，返回 1；否则返回 0	非 ANSI C 标准函数
fcolse	int fclose(FILE *fp)	关闭 fp 所指的文件，释放文件缓冲区	有错则返回 0；否则返回非 0	
feof	int feof(FILE *fp);	检查文件是否结束	遇文件结束符返回非零值；否则返回 0	
fgetc	int fgetc(FILE *fp);	从 fp 所指定的文件中取得下一个字符	返回所得到的字符，若读入出错，返回 EOF	
fgets	char *fgets(char *buf, int n,FILE *fp);	从 fp 所指向的文件读取一个长度为 (n-1) 的字符串，存入起始地址为 buf 的空间	返回地址 buf，若遇文件结束或出错，返回 NULL	
fopen	FILE *fopen(char *filename,char *mode);	以 mode 指定的方式打开名为 filename 的文件	成功，返回一个文件指针(文件信息区的起始地址)；否则返回 0	
fprintf	int fprintf(FILE *fp, char *format,args,…)	把 args 的值以 format 指定的格式输出到 fp 所指向的文件	实际输出的字符数	
fputc	int fputc(char ch,FILE *fp);	将字符 ch 输出到 fp 指向的文件中	成功则返回该字符；否则返回非 0	
fputs	int fputs(char *str, FILE *fp);	将 str 指向的字符串输出到 fp 所指向的文件	成功返回 0；若出错返回非 0	
fread	int fread(char *pt, unsigned size,unsigned n,FILE *fp);	从 fp 所指定的文件中读取长度为 size 的 n 个数据项，存到 pt 所指向的内存区	返回所读的数据项个数，如遇文件结束或出错返回 0	
fscanf	int fscanf(FILE *fp,char *format, args,…);	从 fp 指向的文件中按 format 给定的格式将输入数据送到 args 所指向的内存单元(args 是指针)	已输入的数据个数	

续表

函数名	函数原型	功　能	返回值	说　明
fseek	int fseek(FILE *fp, long offset,int base);	将 fp 所指定的文件的位置指针移到以 base 所给出的位置为基准,以 offset 为位移位置	返回当前位置;否则,返回-1	
ftell	long ftell(FILE *fp);	返回 fp 所指向的文件的读写位置	返回 fp 所指向的文件的读写位置	
fwrite	int fwrite(char *ptr, unsigned size, unsigned n, FILE *fp);	把 ptr 所指向的 n*size 个字节输出到 fp 所指向的文件中	写到 fp 文件中的数据项的个数	
getc	int getc(FILE *fp);	从 fp 所指向的文件中读入一个字符	返回所读字符;若文件结束或出错返回 EOF	
getchar	int getchar(void);	从标准输入设备读入一个字符	所读字符;若文件结束或出错,则返回-1	
gets	char *gets(char *str);	从标准输入设备读入字符串,放到 str 指向的字符数组中,一直读到接收新行符或 EOF 时为止,新行符不作为读入串的内容,变成 '\0' 后作为该字符串的结束	成功,返回 str 指针;否则,返回 NULL 指针	
getw	int getw(FILE *fp);	从 fp 所指向的文件中读入一个字(整数)	输入的整数;如文件结束或出错,返回-1	非 ANSI C 标准函数
open	int open(char *filename,int mode);	以 mode 指出的方式打开已存在的名为 filename 的文件	返回文件号(正数);如打开失败,返回-1	非 ANSI C 标准函数
printf	int printf(char *format, args,…);	按 format 给定的格式,将输出表列 args 的值输出到标准输出设备	输出字符的个数,若出错,返回负数	format 可以是一个字符串,或字符数组的起始地址
putc	int putc(int ch,FILE *fp);	把一个字符 ch 输出到 fp 所指的文件中	输出的字符 ch;若出错,返回 EOF	
putchar	int putchar(char ch);	把字符 ch 输出到标准输出设备	输出的字符 ch;若出错,返回 EOF	
puts	int puts(char *str);	把 str 所指向的字符串输出到标准输出设备,将 '\0' 转换为回车换行	返回换行符;若失败,返回 EOF	
putw	int putw(int w,FILE *fp);	将一个整数 w(即一个字)写到 fp 所指向的文件中	返回输出的整数;若出错,返回 EOF	非 ANSI C 标准函数

续表

函数名	函数原型	功　能	返回值	说　明
read	int read(int fd, char *buf, unsigned count);	从文件号 fd 所指的文件中读 count 个字节数据存放到由 buf 指向的内存中	返回实际读入的字节数;如遇文件结束返回 0,出错返回—1	非 ANSI C 标准函数
rename	int rename(char *oldname, char *newname);	把 oldname 所指向的文件名改为由 newname 所指向的文件名	成功返回 0;出错返回 1	
rewind	void rewind(FILE *fp);	将 fp 指示的文件中的位置指针置于文件开头位置,并清除文件结束标志	无	
scanf	int scanf(char *format, args,…);	从标准输入设备按 format 给定的格式,输入数据给 args 所指向的单元	读入并赋给 args 的数据个数,遇文件结束返回 EOF,出错返回 0	args 为指针
write	int write (int fd, char *buf, unsigned count);	从 buf 指示的缓冲区输出 count 个字符到 fd 所标志的文件中	返回实际输出的字节数,如出错返回—1	非 ANSI C 标准函数

5. 动态内存分配函数

使用输入输出时,应该在该源文件中包含头文件"stdlib.h"。

函数名	函数原型	功　能	返回值
calloc	void * calloc(unsigned n, unsigned size);	分配 n 个数据项的内存连续空间,每个数据项的大小为 size	分配内存单元的起始地址,如不成功,返回 0
free	void free(void * p);	释放 p 所指的内存区	无
malloc	void * malloc(unsigned size);	分配 size 字节的存储区	所分配的内存区起始地址,如内存不够,返回 0
realloc	void * realloc(void * p, unsigned size);	将 p 所指出的已分配内存区的大小改为 size,size 可比原来分配的空间大或小	返回指向该内存区的指针

6. 其他常用函数

函数名	函数原型	功　能	返回值
atof	#include <stdlib.h> double atof(char * str);	将 str 指向的字符串转换成双精度浮点值,串中必须含合法浮点数,否则返回无定义	转换后的双精度浮点值
atoi	#include <stdlib.h> double atoi(char * str);	将 str 指向的字符串转换成整型值,串中必须含合法的整数,否则返回无定义	转换后的整型值
atol	#include <stdlib.h> long atol(char * str);	将 str 指向的字符串转换成长整型值,串中必须含合法的整数,否则返回无定义	转换后的长整型值

函数名	函数原型	功　能	返回值
exit	#include <stdlib. h> void exit(int code);	执行该函数程序立即正常终止,清空和关闭任何打开的文件。程序正常退出状态由 code 等于 0 或 EXIT_SUCCESS 表示,非 0 值或 EXIT_FAILURE 表明定义实现错误	无
rand	#include <stdlib. h> int rand(void);	产生伪随机数序列	0 到 RAND_MAX 之间的随机整数,RAND_MAX 至少是 32767
srand	#include <stdlib. h> void srand(unsinged seed);	为函数 rand() 生成的伪随机数序列设置起点种子值	无
time	#include <time. h> time_t time(time_t * time);	调用时可使用空指针,也可使用指向 time_t 类型变量的指针,若使用后者,则变量可被赋值日历时间	返回系统的当前日历时间;如果系统丢失时间设置,函数返回 −1

参 考 文 献

[1] 何钦铭,颜晖. C 语言程序设计[M]. 北京：高等教育出版社,2008.

[2] 谭浩强. C 程序设计[M]. 3 版. 北京：清华大学出版社,2005.

[3] 钱能. C++程序设计教程[M]. 2 版. 北京：清华大学出版社,2005.

[4] 瞿绍军,罗迅,刘宏. C++程序设计教程[M]. 2 版. 武汉：华中科技大学出版社,2016.

[5] Brian W. Kernighan, Dennis M. Ritchie. C 程序设计语言[M]. 2 版. 徐宝文,李志译. 北京：机械工业出版社,2004.

[6] 何钦铭,颜晖. C 语言程序设计题解与上机指导[M]. 北京：高等教育出版社,2008.

[7] 谭浩强. C 语言程序设计题解与上机指导[M]. 3 版. 北京：清华大学出版社,2005.

[8] 瞿绍军,罗迅,刘宏. C++程序设计教程习题答案和实验指导[M]. 2 版. 武汉：华中科技大学出版社,2018.

[9] 苏小红,王宇颖,等. C 语言程序设计[M]. 北京：高等教育出版社,2011.

[10] 王敬华,林萍,等. C 语言程序设计教程[M]. 北京：清华大学出版社,2009.

[11] 崔武子,赵重敏,等. C 程序设计教程[M]. 2 版. 北京：清华大学出版社,2007.

[12] 董永建,宋新波,李建,等. 信息学奥赛(C++版)一本通[M]. 北京：科学技术文献出版社,2013.

[13] 朱胜强,吴婷. 实用 C 语言简明教程[M]. 北京：清华大学出版社,2009.

[14] 朱鸣华,刘旭鳞,杨微,等. C 语言程序设计教程[M]. 3 版. 北京：机械工业出版社,2014.

图书在版编目（CIP）数据

C 语言程序设计与项目实训教程. 上册/孟爱国主编.—北京：北京大学出版社，2018.7
ISBN 978-7-301-29563-2

Ⅰ. ①C… Ⅱ. ①孟… Ⅲ. ①C 语言—程序设计—高等学校—教材 Ⅳ. ①TP312.8

中国版本图书馆 CIP 数据核字(2018)第 101820 号

书　　　　名	C 语言程序设计与项目实训教程（上册）
	C YUYAN CHENGXU SHEJI YU XIANGMU SHIXUN JIAOCHENG
著作责任者	孟爱国　主编
责 任 编 辑	王　华
标 准 书 号	ISBN 978-7-301-29563-2
出 版 发 行	北京大学出版社
地　　　　址	北京市海淀区成府路 205 号　100871
网　　　　址	http://www.pup.cn
电 子 信 箱	zpup@pup.cn
新 浪 微 博	@北京大学出版社
电　　　　话	邮购部 62752015　发行部 62750672　编辑部 62765014
印 刷 者	长沙超峰印刷有限公司
经 销 者	新华书店
	787 毫米×1092 毫米　16 开本　17 印张　421 千字
	2018 年 7 月第 1 版　2018 年 7 月第 1 次印刷
定　　　　价	45.00 元